海と地域を
蘇らせる

プラスチック「革命」

グンター・パウリ
マルコ・シメオーニ 著

枝廣淳子 監訳

日経ESG 編

日経BP

海と地域を蘇らせる
プラスチック「革命」

Contents

まえがき
ビジネスの力を世のため人のために

クリストファー・バッセルマン

　何十年もの間、ビジネスリーダーや政治家たちは、「雇用とより良い暮らしを提供するためには、これしかない」と、経済成長を追求してきた。そして、大きな進捗があった。

　しかし、この20年の間にもう一つ明らかになってきたことがある。「人も社会も、この一つの次元だけを追求するアプローチの副作用にますます苦しむようになっている」ということだ。深刻な汚染や自然破壊、悪化しつつ拡大している不平等や長期失業といった副作用である。私たちは、みんなの求めるもの——そこには自然のニーズも含む——に対応できていないようなのだ。そういう理由から、私は同じような問題意識を持った世界のビジネスリーダーを集めて「シェルマット・サミット」を毎年開催し始めた。ビジネスが「世のため人のため」にどのように役立てるかをもう一度見いだしたかったのである。

　2008年の金融危機の後、多くの人は「金融が経済の中心で、人間は基本的に対象物だ」と考えているようだった。私たちは、経済パラダイムの焦点を、「成長と"対象物"」から、「幸福と"人々"」に変えたいと考えている。ツェルマット・サミットの信条は、「究極的に、世界を変えるのは『お金』ではなく、『人々』だ」というものだ。広く市場経済を、そして、特にイノベーションを、人間的なものにしたいと考えている。

　毎年スイスのダボスで開かれる「世界経済フォーラム」年次総会、

いわゆるダボス会議には、世界中から国家元首や企業リーダーら2000人が集まり、ビジネスと市場経済に関する議題について話し合っている。議題は昔ながらの自由主義的なものだ。この世界経済フォーラムに対抗すべく、2001年にブラジルのポルト・アレグレに非政府組織（NGO）が集まって、「世界社会フォーラム」を立ち上げた。世界社会フォーラムが焦点を当てるのは、人々と社会のニーズである。しかし、世界社会フォーラムのメッセージはほとんどが「何かを否定する」ものだった。現状の批判はもっともだが、残念ながら具体的な代替案を提示することはできていない。

　ツェルマット・サミットが目指したのは、ダボス会議とポルト・アレグレ会議の間にある空白地帯を埋めることだ。ツェルマット・サミットは150人ほどの小さな集まりである。外側からの批判をせず、内側にいる人たちが議論するための場である。つまり、長年ビジネスに携わってきた人や、変化をもたらす手段を持っている人、社会の役に立つために必要な変化とイノベーションを促したいと考えている人、そして何より重要なのは、有言実行の人たちの集まる場である。有言実行はビジネスの大きな責任である。

　企業は社会において、経済面・社会面の主要な担い手である。しかし、倫理的で人道的な依り所が必要だ。倫理的で人道的な視点を欠いた企業も少なからずある。すべての人に飲み水や栄養のある食べ物、医療を提供できていないことや、一握りの大企業が個人情報を悪用していること、基本的人権が蹂躙されていることを見れば明らかだ。自分たちの行動を意識し、責任を持たなければ、社会も人類全体も敗北するほかない。ベルギーの神学者ジェラール・フォレはこう言った。

「倫理は、人類の苦しみの最初の叫び声とともに始まる」

ツェルマット・サミットでは、変化の担い手（チェンジ・エージェント）たちに、考え方を見直したり新しくしたりする機会や、志を同じくするリーダーたちと出会う機会を提供している。私たちのビジョンは、毎年のツェルマット・サミットが「人間味あふれる」ビジネスの参照となることである。人々が集まって互いにインスピレーションを得、イノベーションを共有し、はるかに良い世界に向けての新しいビジネスモデルを共創する場にしたいのだ。

本書は、私たちのミッションがうまくいっていることを示す何よりの証拠である。本書が取り上げる課題、プラスチック問題は、人々や企業や地球が今日直面している最大の難問の一つである。

私は2017年のツェルマット・サミットに、起業家でありイノベーターである2人の人物を招待し、壇上で話をしてもらった。マルコ・シメオーニ氏は、プラスチック汚染の実態を調査して世界を巡る船「レース・フォー・ウォーター号」の活動について話し、グンター・パウリ氏は、「ブルーエコノミー」プロジェクトにどのような取り組みがあるかを紹介してくれた。

その夜、夕食を済ませた後、マルコとグンターは話し込んだ。マルコは自分のビジョンをこう語った。「未来型の船を考えているんだ。ソーラーパネルを載せて、海水からつくった水素を燃料にして、凪の力を借りて帆走し、制御は人工知能（AI）で行う。その船で世界中を航行して、プラスチック汚染についての意識を啓発したいんだ」。グンターは、「コーヒーかすでキノコを栽培したり、鉱業廃棄物から紙をつくったりできるんだよ。街灯を利用してデータ伝送だってできる」

と語った。

2人の話は何時間も尽きなかった。そして、この2人の起業家はまさにツェルマット・サミットの精神で、翌日から協働を開始した。2人とも「イエス・ウィー・キャン（そう、私たちにはできる）」の精神で、エネルギーを結集し、相乗効果を生み、共同の課題を設定した。

それから1年後、マルコとグンターは再びツェルマット・サミットに参加し、ペルーやチリ、ラパ・ヌイ（チリのイースター島の現地名）での取り組みで協働した経験を話してくれた。ツェルマット・サミットに向けて、そしてさらに多くの人々に向けての2人のメッセージは明快なものだった。「今日プラスチック汚染に苦しんでいるコミュニティーの経済的・社会的な発展に取り組まない限り、プラスチック問題は解決しない」。

本書は、世界中に展開できるような、「すべてに対応可能な」プラスチック問題の解決モデルを示すものではない。マルコもグンターも、「解決策はそれぞれの地元のニーズに合わせて変わってくる」と考えている。しかし、どの解決策もその土台にあるのは、「ビジネスの主たる存在意義は『世のため人のため』に役立つことにある」というビジネスの論理である。本書を読むと、マルコとグンターのプロジェクトがこの数年間でとてつもない進展を遂げてきたことが分かる。本書の構想が最初に披露された場がツェルマット・サミットであることを誇りに思う。

本書は、プラスチックごみ問題に対する行動への参加を呼びかけるものだ。運動の出発点なのだ。この運動には、地元の企業が必要である。世界中の各地域でプラスチックごみを自転車で回収して回るごみ

収集者や、海岸線に沿って種苗ロープを固定して「海藻カーテン」を
つくるダイバーなどだ。また、第11章で述べられるように、「レガシ
ーを残すキャプテン」、つまり、多世代にわたる視点を持った投資家
も必要だ。自分の生きている間にすべての結果（恩恵）を目にできな
いとしても、今日すべきコミットメントを今日行うことを恐れない投
資家たちである。

　今日必要なのは、そのようなリーダーシップとビジョンなのだ。ま
さに、過去何世紀にもわたって大聖堂を建築した人々のコミットメン
トに似ていると言えよう。大聖堂は、何世代にもわたって作業が行わ
れ、今なお毎日無数の人々にインスピレーションを与えている。当時
は、投資金額が問題になることは全くなかった。大聖堂の建築とは、
効率性や手抜きとは無縁のものだったのだ。

　本書では、プラスチックごみ問題を解決する新しいビジネスモデル
を示し、それに対する240億ドル（約2兆6000億円）もの投資のチャ
ンスを提示している。加えて、お金には換えられない生態系の再生と
コミュニティー再建のチャンスも提示している。私も起業家なので分
かるが、これは非常に意味のある投資だ。私も本書のタイトルにある
「プラスチック・ソリューション（英文原題）」（プラスチック問題の
解決策）の一翼を担いたいと考えている。

　ツェルマット・サミットが、この刺激的な運動の本拠地となり、起
業家や投資家が毎年集まって、みんなで力強く進展していく場となっ
てほしいと思い描いている。本書は、世界が今必要としているリーダ
ーシップを結集させるということにツェルマット・サミットが成功を
収めている証である。読者の皆さんも、本書から大いなる刺激とひら

めきを得ていただけると信じている。

2019年11月、ローザンヌにて
ツェルマット・サミット財団創設者兼理事長
テロラブ・サーフィス・グループ社長
クリストファー・バッセルマン

プロローグ
島とプラスチックと科学の進化

　この地球上で、ラパ・ヌイほど、私たちみんなの想像力に訴えかけてくる場所はあまりないだろう。ラパ・ヌイとは世界の大半から何世紀にもわたって「イースター島」と呼ばれてきた島のことだ。人が住める土地としては、世界でも最も孤立した場所にある。太平洋上、チリから3500kmの沖合に位置しており、周りで人が住める島といったら、一番近いものでも2000km以上離れている。それでも、ポリネシアの人々はこの島にたどり着き、西暦300年代から文明が繁栄した。しかしその後、その文明は不思議な終わり方をしたのだった。

　かつてはこのはるか遠く離れた場所まで人々がたどり着くのは大変なことだったが、今日プラスチックごみはいとも簡単にやって来る。ラパ・ヌイの海岸は、遠方から漂着したプラスチックごみでいっぱいだ。島周辺にはかつてはきれいな漁場が広がっていたが、今では、アンチエイジングクリームやヘアケア製品、その他何千kmも離れたところで消費者が使用したたくさんの製品のマイクロプラスチックで汚染されている。ラパ・ヌイのプラスチック汚染が示しているのは、「現代の消費者社会が完全に失敗している」ということだ。

　現代の消費者社会の失敗は、科学に対する誤解とその誤用から生まれた。同じように、ここ何十年もの間、私たちはラパ・ヌイの文明の突然の滅亡についても誤解していた。彼らは自然をすべて絶滅させたことが原因でその文明も滅んだと考えられてきた。しかし、私たちは事実を完全に理解しないまま、意見を言い、評価してきたことが最近

分かった。今日、ラパ・ヌイの滅亡に関する理解が進んだことから得られる大いなる教訓は、「新しい事実に直面したら、自分たちの仮説や見方を変えなければならない」ということだ。

　ラパ・ヌイの有名な巨像を見れば、高さ20m、重量200tを超える岩を動かせるほど高度な文明があったことが分かる。また、ラパ・ヌイの文明は、わずか数百年の間にほぼ完全に消滅したことも分かっている。島民たちは最後の一本まで森林を切り尽くし、動物や植物を絶滅に追いやったようなのだ。自分たちのつくった石像を壊し、さらには生き延びるために人食いをするまでになったと言われてきた。何が起こったのだろうか。そして、それはなぜか。

　"ラパ・ヌイの謎"は、何十年もの間、研究者や科学者たちを魅了してきた。1940年代には、トール・ヘイエルダールが、「コロンブス以前の時代に南米人がポリネシアに移り住んだのかもしれない」ことを証明すべく、いかだの「コン・ティキ号」で島にやって来た。1990年代には、様々な古生物学者がラパ・ヌイで徹底的な発掘と調査を行った。花粉分析と放射性炭素年代測定という新しい技術を用いて、「かつてこの島には、木や灌木、草、花、果実、薬草がたくさん茂っていた」ことを立証した。しかし、オランダの探検家ヤーコプ・ロッヘフェーンは1722年、島の「荒廃した様相から受ける印象は、どん底の貧困と不毛以外の何ものでもない」と述べた。ロッヘフェーンは「未知の南方大陸」（オーストラリア）を発見するはずだったのだが、代わりに、その年のイースターの4月5日に、ヨーロッパ人として初めてこの島に足を踏み入れ、そこを「イースター島」と名づけた。そこで、この島はその後何世紀もの間、外国人から「イースター島」と呼

ばれることとなったのである。

　花粉の記録から、ラパ・ヌイの森林破壊は西暦800年にはかなり進行していたことが分かった。つまり、人間が住み始めてからわずか500年ほど、ロッヘフェーンが到着するよりはるか昔のことだ。この記録から分かることは、ポリネシアへの最初の移住者の船にいたネズミも島に移って大繁殖し、災いをもたらしたということだ。ネズミは、島民たちの主食であった自生のヤシの実を食べてしまった。そうして、新しいヤシが生えなくなってしまったことを科学者たちは突き止めた。その分析が示すのは、世界に例がないほどの徹底的な森林破壊が起こるとどうなるか、ということである。

　科学者たちはそこから一足飛びに飛躍して、非常に厳しい仮説を立てた。「ラパ・ヌイ人は、人類最初の『エコサイド（環境虐殺）』を行った」と。つまり、自らの健康と福祉の土台であった生態系を軽率にも破壊するという犯罪的行為を企てた、というのだ。人食いを行っていたらしいという奇談も合わさって、ラパ・ヌイの滅亡のストーリーは、同じように自然との衝突の道を突き進んでいる現代社会に対する警鐘となった。いつの日か、ラパ・ヌイの石像のように、ニューヨーク・マンハッタンの摩天楼が虚空の中に突っ立っている日が来るのかもしれない。これはジャレド・ダイアモンドの著した『文明崩壊』の終末論的なメッセージであり、世界中の数多くの環境講座のカリキュラムにも入っている。

　こうしたストーリーには強い力がある。今日ラパ・ヌイを訪れる観光客たちは、石像を見ながらかぶりを振り、「後世に命をつなげることができなかったなんて、なんて近視眼的な人たちだったのだろう」

と思いを巡らせている。島民たちは、「自分たちの祖先は軽率だった」という後ろめたさにかられている。

　しかし、この滅亡のストーリーは真実とは違う。ラパ・ヌイの人々は、環境虐殺など行ってはいなかった。それが分かったのは、21世紀に入って初めてヒトゲノムの解読が完了し、それまでとはまるで違う方法で人々の移動が分析できるようになってからだ。新しいDNAの科学によって、ペルーをはじめとする南米諸国の人々が、ラパ・ヌイ人のポリネシアの遺伝子を持っていることが分かったのだ。この遺伝子の移動は、ヨーロッパからの商人たちがやってくる前に起きていた。

　このDNAの証拠は、別の説明を示唆するものだ。ラパ・ヌイの住民は南米人による奴隷狩りの被害者になったという説が浮上した。「人肉食」は偽りで、南米人がイースターの全島民を征服する言い訳に使われたのかもしれない。「自滅した」などと非難されるべきではないのだ。

　要は、「科学は進化する。そして科学の変化につれて、ストーリーは変わる」ということだ。かつてネズミの大群にやられたラパ・ヌイには、今では遠方からのプラスチックが押し寄せている。はっきり言っておくが、プラスチックの"発見"はかつては素晴らしい功績だった。プラスチックという素材の持つ柔軟性が、多くの点で暮らしを楽にしてくれたのだ。ある意味、プラスチックの発明が現代の消費者を生み出したのである。プラスチックは素晴らしいストーリーだった——遠く離れたラパ・ヌイの海岸に出現したり、世界各地で見られるようになるまでは。そして、プラスチック汚染は生命の基盤を脅かすと私たちが気づき始めるまでは。

大いに称賛されたプラスチックの発明者たちは、今となっては、ラパ・ヌイの祖先たちと同じように見える。彼らは、自分たちに食料を供給し、未来を守ってくれているヤシの根や種がネズミに食べられていることに気づかなかった。プラスチックの発明者たちはなぜ、太陽の下や海中、土中で分解される製品、その後何世紀にもわたって汚染を引き起こすことのない製品を設計できなかったのだろうか。

　ただし、プラスチックのひどいストーリーが、ハッピーエンドを迎えることも可能だ。科学は進歩し続け、「世のため人のため」に役立ちたいと思う起業家たちが、ストーリーを再び変えることができる。科学の力で、ラパ・ヌイのプラスチック汚染を一掃する方法があることが分かっている。科学の力で、今日のプラスチック製品を構成する分子を回収し、クリーンで役に立つものに新しく変えることができるのだ。

　実際、自然の仕組みを理解すれば、自然の力で海洋中のマイクロプラスチックを一掃するのを促進できる。そして科学の力で、自然の循環と調和したプラスチックを生み出すことができる。自然界では、ある生き物にとって不要になったものは、ほかの生き物の栄養やエネルギーとなる。「ヒトは、一度使ったきり、ほかの生き物から望まれたり必要とされたりしないものを何百万tもつくり出すことができる地球上で唯一の生物種である」なんてことは、あってはならないのだ！

　プラスチック問題への解決策のいくつかは、既にある。他の解決策もこれから出てくるだろう。投資家や起業家が、人間が犯してきた過去の大きな過ちを正すという歴史的なチャンスをつかみにくるだろう。何十年、いや100年かかるかもしれない。それでも、ラパ・ヌイはま

た美しいパラダイスに戻れるのだ。

　新しくてより良い「プラスチックのストーリー」が誕生しつつある。それが、本書の伝えるストーリーだ。

はじめに
プラスチック・ソリューション運動

「クレジットカードを食べたことある？」

そう聞かれたら、「まさか！」と答えるだろう。

しかし、十中八九、あなたは口に入れている。

実のところ、おそらく週に1枚ずつ、クレジットカードを食べていると思う。

平均すると人は週に約5gのプラスチックを摂取している。お店で買ってきたペットボトルの水やプラスチック容器に入ったレタス、ラップされたきゅうり、そしてレストランで食べる魚などと一緒に、あなたが"食べている"マイクロプラスチックをすべて足すとこれだけになる。毎週5gのプラスチック。1枚のクレジットカードと同じ重さだ。

ほとんどの人は、プラスチック汚染が問題であることに気づいている。プラスチックだらけでまるでごみ埋立地のようなビーチの写真や、プラスチックごみにぐるぐるに捕らわれてしまった魚の写真を目にしている。カメの鼻孔に刺さったストローを引っ張って外している画像も。そして、アシカの首にプラスチック紐が食い込んでいる写真を見て、ショックを受けなかった人がいるだろうか。

すべてのプラスチックの5〜10%が最終的には海洋に行き着く。プラスチック汚染は、海洋を「地球上で最大のごみ捨て場」に変えてしまったのだ。確かに、海のクリーンアップ活動——これまでほとんど成功していないが——についての意識は高まりつつあり、そういった記事を目にするようになってきた。だが、「塩は保存料だ」というこ

とを私たちは忘れたのだろうか？　だからプラスチックは——生分解性プラスチックのほとんどでさえ——、海水では決して分解されない。ただ、細かい破片に砕けて、人間がつくり出す技術ではまだ集めることのできない、悪名高い「マイクロプラスチック」になるだけなのだ。

　ほとんどの人がまだ気づいていないのだが、プラスチックは、私たちの周りの土壌や海を汚染するだけではない。プラスチックは、私たちの命がかかっている食物連鎖そのものに入り込んでいる。私たちは年に10万個以上のマイクロプラスチックを摂取している。毎週クレジットカード1枚分の重さだ。マイクロプラスチックは、私たちが食べる魚の中にもある。私たちが使っている水のペットボトルからも、マイクロプラスチックが漏れ出ている。

　カナダの研究者は最近、プラスチック素材のバッグに入ったティーバッグ1つをお湯に浸すと、約116億個のマイクロプラスチック と31億個の「ナノプラスチック」がカップ内に放出されると発表した。粒子が小さければ小さいほど、簡単に体内の臓器に入り込める。ここで指摘しておきたいことがある。紙製のティーバッグは破れやすいため、業界は数年前にプラスチック素材の層をティーバッグに重ねるようになった。つまり、業界はティーバッグには気を配るが、消費者のことは気にしていないということだ。

　プラスチックは至る所にある。最近の調査から、北極でさえ、雪に混じって空からマイクロプラスチックが降っていることが分かった。研究の示すところによると、大気中の微粒子の3〜7％が、路上を走行している何百万台もの車のタイヤから生じた塵だという。あなたの家が平均的な家だとしたら、1年間に積もる埃の量は約20kgで、そ

の30%がプラスチックである。

　プラスチックにはたくさんの有毒成分が含まれていることが分かっている。まだ分かっていないのは、そうした有害物質を摂取することが私たちの健康にどのような影響を及ぼすか、である。現在の科学では、まだ極小の粒子を調べることができないからだ。私たちは命をかけて危険な実験を始めてしまった。そして、目の前の統計データからは、良い知らせの予感は全くない。私たちはだんだんと気づきつつある。自分たちの最善の努力ですら「焼け石に水」程度の効果しかないことが分かっており、何をすべきか全く見当もつかないのだ。

　私たちはプラスチックの問題を、行動をまだ起こしていないか起こしていたとしても不十分な政治家たちに任せている。しかし政治家たちが注力しているのは、行動や製品を禁止したり課税したりすることであって、新しい現実をつくり出すには至っていない。一方、「科学者が、陰鬱な現実を決定的に変えられる画期的な解決策を考え出してくれたら！」とも期待している。解決策が何としてでも必要だ。そして、解決策を迅速かつ大規模に展開しなければならない。

　重要な点は、「私たちにはプラスチックが必要だ」ということだ。プラスチックのおかげで、はるかに暮らしやすくなっていることを忘れてはいけない。「病院が、使い捨てのプラスチック製品を使わずに、問題なく衛生管理をする」というのは想像しづらい。プラスチック抜きに、クリーンなエネルギーをつくり出す風車や、軽量化で燃費を改善した自動車や航空機を考えられるだろうか。プラスチックには、優れた性能があるのだ。問題は、たいていプラスチック製品を極めて短い間だけ使った後に捨ててしまい、広い範囲にわたって汚染を引き起

こしているという点だ。

　年間のプラスチック生産量の40％を占め、海洋プラスチック汚染の80％の原因となっているのが、容器包装プラスチックである。プラスチックの使用と、それが暮らしの質に実際にもたらす影響との間には大きな乖離がある。毎日の暮らしの中でせいぜい1時間もあれば飲み終わって不要になるというのに、分解するまでに何百年もかかるような水のペットボトルを使うことを、一体どうして許せたのだろうか。

　世界全体で、毎秒2万本のペットボトルが新たに生産されている。世界の年間プラスチック生産量は4億tを超えており、今後25年のうちに10億tに達する見込みである。女王や首相や進歩的な企業による立派な取り組みをもってしても、まず歯止めのかけられない勢いである。

　私たちは、社会でプラスチックが果たしている役割を変えることができる。プラスチック製品の生産方法と使い方を設計し直すことができる。原材料から製品寿命が終わった際の処理までのサプライチェーンで、どのポリマーにももっと多くの価値を持たせなければならない。サプライチェーンのあらゆる段階で、はるかに大きな価値を持たせなければならないのだ。本書では、唯一の解決策を示すのではなく、それぞれの地域に合わせたアプローチのポートフォリオを示す。それに基づくより良いビジネスモデルによって、私たちは汚染を止めることができ、汚染をきれいに取り除くこともできる。そして、その過程で、何百万もの人々を貧困から救い出すこともできる。

　儲かる新しいビジネスモデルを紹介することは、起業家の仕事である。だから、本書は起業家が執筆した。プラスチック汚染は、もっと節約したい、もっとコストを下げたい、もっと利ざやを増やしたい、

もっと性能を上げたい、と絶えず目指してきたビジネス界が生み出した問題である。このビジネスモデルは、社会と環境にストレスをもたらし、株主への投資収益しか生み出さなかった。今後、より良い形で、すべての人のニーズに応えられる競争力のある新しいビジネスモデルをうまく導入できるとすれば、それは企業だけである。

　非営利活動は、意識啓発はできる。しかし、自然を進化の道筋に戻しながら、しっかりした投資収益などのいくつものメリットを生み出し長期的で継続型の持続可能なソリューションを開発して維持することはできない。問題は、これまでのところ、プラスチック問題の解決に創造力とエネルギーを投入しながら、現実を変えるような新しいビジネスモデルを考案している起業家がほとんどいないことだ。

　この25年間、私たちはプラスチック汚染に対するビジネスサイドからの解決策に取り組んできた。プラスチックごみに付加価値をつける新しい方法を見いだそうと、エンジニアや科学者と力を合わせてきた。そして、ついに海を本当に蘇らせる方法を見つけたのだ。その中には、ほとんど目には見えないがそこらじゅうにあるマイクロプラスチックを除去する方法もある。もし賢く政策を変え、やる気のある化学エンジニアの一人ひとりに太陽の下や海中、土中で分解するポリマーの設計方法を教えたら、プラスチック汚染は過去のものになり、プラスチックは私たちの未来の一部として存在し続けるだろう。

　それには多くの時間がかかる。海が再びプラスチックのない状態に戻るまでには、100年かもっと長くかかるかもしれない。しかし、本書で伝えたいのは、私たちは生計を立てながら、汚染を止めて除去するという"いい仕事"ができる、ということだ。賢い投資家は、問題を

解決しながらお金を儲けることになる。そして、これまでの豊富な事例から、「儲かるシステムはうまくいく」ことを知っているのだ。

本書では、社会におけるプラスチックの役割を転換する新しいビジネスモデルと、その背後にいる人々を紹介する。第1章に登場するのは、スイス人の工学系起業家であり、セーリングに情熱を燃やしているマルコ・シメオーニだ。レース・フォー・ウォーター財団を設立し、「人間の巧みな近代技術をもってしても、海洋のクリーンアップは不可能だ」と悟った後に彼がしたことを紹介する。

第2章では、科学者と起業家の世界的ネットワークの創設者、グンター・パウリを紹介する。このネットワークは、自然を再生し、地域コミュニティーをもう一度構築する事業を立ち上げることに注力している。そこに焦点を当てることで、プラスチック汚染に対する統合的で体系的なソリューションが生まれるのだ。

第3章では、現行のプラスチックのソリューションを評価する。リサイクル、代替資源、公共政策、クリーンアップの取り組みなどについて見ていく。そして、「欠けているものは何か」を見いだす。欠けていたのは、課税などに頼ることなく、すべてのプラスチックごみには商業的価値があると考える新しいビジネスモデルだ。自然界の論理に基づき、栄養分やエネルギーや物質をカスケード（連鎖）的に利用し、世のため人のためになる、より良い成果を常に生み続けるビジネスモデルである。

第4章では、海洋環境を訴えて世界各地に寄港しながら航行している船「レース・フォー・ウォーター号」のストーリー、および、その科学と教育に関するミッションをお伝えする。この船が世界中の地域

社会に向けて、クリーンエネルギーによる自立への道筋をどのように示しているかを説明する。第5章では、私たちの考えるプラスチック製品の生産および消費の原則を説明する。環境保護だけでなく、サーキュラー・エコノミーを通じた自然の再生にも焦点を当てるものだ。第6章では、私たち人間がごみの価値をゼロとすることで、いかに自らの未来を危うくしているかを分析する。赤ちゃんのおむつから始まる循環戦略が、いかに土壌を豊かにできるかを示す。

　私たちには、「毎日の暮らしの中で、火事は起こしたくない」というもっともなニーズがある。そのために、プラスチック製品に難燃剤などの多くの有害物質を添加してきた。第7章では、どうすれば、このような化学物質の"カクテル"を、健康的でより安価で効果的な天然の代替物で置き換えられるかを示す。第8章では、ただちにプラスチック汚染の80％に対処し、歯止めをかける画期的なソリューションを提示する。第9章で紹介するのは、自然の力を生かして海のクリーンアップを始められる方法だ。第10章では、自然を模倣し、様々な技術を組み合わせた包括的な新しいビジネスモデルを示す。それによって、有害なプラスチックごみの投棄をストップし、海洋のクリーンアップと再生を始めることができる。このビジネスモデルは、世界規模のソリューションの最終案ではなく、ビジネスアプローチの第1段階である。これによって、今後の軌道が決まってくる。最後の第11章は、投資家たちに向けて、将来世代に資するレガシーを残すチャンスを紹介する。

　私たちのプラスチック戦略の中核には、非常に重要なことが一つある。本書全体を通じて、私たちは、多額の資本を必要とせず、世界中

でたちまち再現され規模拡大ができるような、実用的な小規模のソリューションを提示していく。これは、大きなグローバル企業1社に任せるような仕事ではない。私たちが示すのは、とてつもなく大きな世界規模の取り組みである。何百万もの人々が参加し、雇用を創出し、地域社会を支える機会となるソリューションだ。

　1967年の映画「卒業」に有名なシーンがある。当時は、プラスチック革命がまだ始まったばかりだった。ダスティン・ホフマンが演じるのは、意味ある未来を探している若い大学生。その彼が、家族ぐるみの付き合いをしている客人から、ちょっと仕事のアドバイスを受けるシーンだ。「一言だけ言いたい」と、じっと耳を傾ける大学生にその男は語る。「プラスチックだ……プラスチックには大いなる未来がある」。

　皮肉たっぷりのシーンである。当時プラスチック業界なんて、理想に燃える大学卒業生なら一番考えないであろう業界だったからだ。しかし、50年経った今、このメッセージは真実を伝えているように思える。実際に、プラスチックには大いなる未来があるのだ。人々と社会に貢献する、これまでとはまるで異なる新しいプラスチックだ。私たちは、世界的なプラスチック・ソリューション運動を始めている。この本を読んでいるあなたも、誰でも参加できる。だから、ぜひ今、本書を読んでいただきたいのだ。

　インスピレーションを得てほしい。楽しんでほしい。そして、行動しよう！

第 1 章

思い知った汚染の深刻さ

——環境活動家マルコ・シメオーニ

私がプラスチック汚染の解決策を目にしたのは、ある日の夕方、ブラジルのリオデジャネイロのカフェの外で、ビールを飲んでいた時のことだ。

　熱帯の暖かな夜だった。音楽を聴いていた私は、一人の男がじっと私を見ているのに気づいた。失礼にならない距離を保ちながら、何かを待っているようだった。私がビールを飲み終えると、彼がやって来て言った。「その缶をもらえないか？」　彼にとってそのアルミにはとても大きな価値があったのだ。だから、私がビールを飲み干すまでの間、じっと待っていたのだった。

　その夜、私はプラスチック汚染のソリューションのど真ん中にある重要な教訓を学んだ。アルミのごみには価値がある。そのリサイクルで生計を立てている人々がいるのだ。リオだけで15万人を超える人々がアルミのリサイクルを行っている。それに対して、プラスチックごみには全く価値がない。だから、プラスチックは環境や海洋、そして私たちの命と暮らしを汚染しているのだ。プラスチック問題のソリューションは、プラスチックごみに価値を見いだすことから始めなければならない。

　ここでまず、自己紹介をしておこう。私、マルコ・メシオーニは、環境活動家として生まれてきたわけではない。育ったのは、スイスのローザンヌの近くだ。周囲には美しい自然があり、近くの森でよく遊んだ。だが、我が家で環境問題が話題になることはほとんどなかった。私の自然との関係が変わったのは、船、そう、セーリングと恋に落ちた時だ。スイスには美しい湖がたくさんある。私はセーリングがもたらしてくれる自由が大好きだった。そして、太陽、風、水といった自

然の力とのつながりに惚れこんだのだった。

　「自由」は私にとって常に、非常に重要なものだ。ああしろ、こうしろと命令してくる上司たちのために働くのは好まない。そう、起業家になるべき運命にあったのだ。私は問題を解決するのが好きだ。私にとっての始まりはいつも、何も描かれていない真っ白なページだ。それから、ソリューションを思い描き始める。その解決策がうまくいって、ビジネスとして回るようになったら、私の仕事は「終了！」だ。プロセスを管理したり、会社を回し続けたりするのは得意ではない。その段階で、私は次のチャレンジに移らねばならない。

　デスクトップ・コンピューターが導入されつつあった1980年代に、私はコンピューター・エンジニアになろうと決めた。新しい技術にワクワクし、その可能性をすべて理解したいと思った。取り組むべき課題はたくさんあった。当時はまだ、大型汎用コンピューターが専有ソフトウェアを用いて処理作業を行っていた時代だったが、私は、「この新しいデスクトップの可能性を、大型汎用コンピューターにつなげる」チャンスがあると思った。このような接続を整備し、2つの別世界の間に橋を架ける必要があった。

　1995年、それが私の最初のITコンサルティング会社が注力したことだった。スイスでこんなことをやろうとする人間は私が初めてだった。私は大型汎用コンピューターの世界の人たちと、新しいデスクトップについて知っている人たちを雇って引き合わせ、相互接続（ゲートウェイ）というソリューションを開発した。その後、さらにいくつかの会社を共同経営者たちと始め、ITポートフォリオのほとんどをカバーするようになった。最終的にはこれらの企業を一つの持ち株会社、

ベルティグループとして統合した。そして2015年、私はベルティグループをスイスの通信事業者スイスコムに売却したのだった。

　こうしたいくつかの企業を興している間も、セーリングはいつも私の人生の重要な一部だった。外洋の船舶免許を取得した後は、海でのセーリングが増えていった。海にいる時のほうが自然を体験する機会が豊富である。しかし、船の周りには絶えずごみが浮いていることにも気づき始めた。ある日、私の"起業家遺伝子"にカチッとスイッチが入った。もはや何もせずに、ただ海洋汚染を見ているだけ、ということはできなくなったのだった。2010年のことだ。そして私はレース・フォー・ウォーター財団を立ち上げた。もともとの目的は、ヨットレースを通して、「海を守る必要がある」という意識を啓発することだった。レース・フォー・ウォーターとはつまり、水を守るためのレースという意味だ。

　2人の仲間、ステーブ・ラビュッサンとフランク・ダビドとともに、そのヨットレースに向けた特別な計画を立てた。スイス人のステーブは、外洋を守備範囲とするプロ・セーラーで、フランス人のフランクは、ウィンドサーファー、1992年バルセロナ・オリンピックの金メダリストだ。ほとんどの場合、セーリングレースの結果を大きく左右するのは船の質と技術だ。私たちは標準的な船を1隻つくることに決めた。「マルチ・ワン・デザイン70」、略して「MOD70」。70は全長70フィートから来ている。レースに出る船はすべて全く同じものにすれば、「ベストな船」ではなく、「ベストなチーム」が勝つことになる。私たちは、この多胴船を7隻つくり、何度かレースを開催した。その後、2012年に欧州金融危機が襲い、スポンサーの多くを失った。

レースの開催は打ち切らなければならなかったが、最初につくった船は手元に残しておいた。

　その最初の船に、私は「レース・フォー・ウォーター号」と名づけた。2015年になって、自分の興した会社を売却した後、「この船で調査旅行に出かけよう！」と決めた。その頃、私はよく海洋プラスチック汚染について話をしていたのだが、「実は自分はこの問題の本当のところをあまりよく分かっていない」ことに気づいた。新聞記事に「海にはプラスチックの大きな環流、つまりプラスチックの島が5カ所ある」とあるのを読み、私は「自分の目で見てみたい」と思った。そして、その年に私は、プラスチックの「島」があると言われている5つの環流のある海洋すべてを航海した。しかし、1度たりともプラスチックの「島」を目にすることはなかった。

　私が見たのは、プラスチックの「スープ」だった。たくさんのプラスチックが海底へと沈み、沈まないものは小さい破片に細かく砕けている様子を見たのだった。マイクロプラスチックは至る所にあった。海のどこにいようと、どれだけ海岸から離れていようとも、双眼鏡で船の周囲をしばらく見ていれば、プラスチックが目に入るのだ。浮いているプラスチックごみは約3％しかないと聞いた瞬間、私は「人間が海をきれいにすることは不可能だ」と悟った。私は船乗りだ。海の真ん中で、高さ15mもの波が起きることを知っている。時速100km以上の風も吹く。海洋の中には、深さが何千mにも及ぶものもある。

　私自身、海の強大な力に恐れをなした経験がある。インド洋の真ん中、米国と英国のベールに包まれた海軍・軍事基地があることで知られる環礁ディエゴガルシア島の近くで、乗っていた双胴船（カタマラン）が転覆して

しまったのだ。双胴船はいったん転覆すると、絶対に元に戻せない。救助を待つしかなかった。幸いなことに、私たちは全員無事で、衛星電話を使って助けを求めることができた。2日半漂流した後、英海軍に救助してもらえたのだった。

　それは苦しい経験だった。そして、私は自分の命を危険にさらすことで、プラスチック汚染の問題がいかに大きいかを思い知ったのだった。海を漂いながら、自分が非常に脆い存在であることを痛感すると、「海というのは、誰かが提案したように、ロボットで掃除できるようなプールとは違う」ことを実感として知った。海洋は地表の70％を覆っている。その海を人工物を使ってきれいにできる方法など一つもない。しかし、本書で見ていくように、自然にはそれができるのだ。

　プラスチック汚染が海に及ぶのを止めなければならない。私たちは、プラスチックが水域に入る前の陸上での活動に注力して取り組むべきだ。そして、このことは極めて重要である。現在、1分ごとにごみ収集車1台分のプラスチックが海洋に投棄されている。もし何も手を打たなければ、2050年の海は、魚よりもプラスチックのほうが多くなっているだろう。胃や肝臓に有毒なプラスチックを有している魚は、既に25％を超えている。人類の半分が日々の食生活を海産物に頼っていることを考えれば、健康を脅かす最悪の事態がいつ起きてもおかしくない。私たち人間の肝臓にも思いもよらなかったペースでプラスチックが蓄積しつつある。ゆっくりと人体のミイラ化 が進んでいるのだ！

　プラスチックを巡る旅を続ける中で、私は陸上で最も汚染がひどい場所に向かった。ハワイ島のカミロ・ビーチだ。何度となく、プラス

チックで埋め尽くされている場所である。まるでごみ埋立地を歩いているかのようだ。そこにあるプラスチックは、一つとして地元のものではない。すべて海からやって来たものなのだ。地元の住民はビーチの清掃活動をやっているが、やってもやっても、またやるはめになる。

イースター島にも行った。チリの3500km沖合にあり、ポリネシアからも4000km離れた孤島だ。それなのに、毎年50tものプラスチックがここの海岸にたどり着く。どんどんとやって来て、とどまるところを知らない。スラム街で、見渡す限りプラスチックごみだらけの世界しか知らない子供たちに出会ったことがある。手つかずの自然の美しさなど見たこともない子たちだ。

アジアとラテンアメリカの都市で、ひどいプラスチック汚染を目の当たりにした。そこで絶望的な事実を知った。私たちが20分ぐらいしか使わない包装材が分解されるまでには、400年かかるというのだ。プラスチックの材質は7種類あり、これらを混ぜてリサイクルすることはできない。プラスチック業界はプラスチックの性能を向上させるために、添加剤を加え続けている。こういった添加剤の多くが有毒物質なのだが、どの成分がどこに使われているのか、確かなところは誰にも分からない。私が読んだ研究では、「プラスチック汚染は海洋の自然資本を年に2.5兆ドル（約275兆円）低減させている」と算出していた。ただしこの数字には、人間の健康に及ぼす影響を計上していない。生命の維持に不可欠な自然資本を破壊するコストを、誰も支払っていない。

おそらくたった一つだけ、私に希望を与えてくれる統計がある。「プラスチックごみの80％は低所得国で発生している」というものだ。

多くのプラスチックごみは、ごみの収集やリサイクルがほとんど存在していない国々で発生している。そうした国々には、紙やアルミをはじめ様々なごみをリサイクルすることで生計を立てている人がたくさんいることも分かっている。価値があるごみは汚染源にはならない。こうした非公式のごみ収集者たちは、プラスチックごみは集めない。価値がないからだ。そこから私はリオでの経験を思い出し、中核となる戦略を考えた。このようなごみ集めをしている人たちに、「プラスチックごみの収集はアルミ缶の収集と同じくらい魅力的だ」と思える料金を支払うことができれば、彼らは暮らし向きを改善しながらプラスチック汚染を止めることができる。「その種の問題なら自分に解決できるぞ」と私は思った。

第 2 章

新しいビジネスモデルを提案

——環境起業家グンター・パウリ

19 80年代後半、まだ若かった私、グンター・パウリは、レスター・ブラウン率いる米ワールドウォッチ研究所が出している年次報告書『地球白書』の欧州各国語版を出版するチャンスを得た。ワールドウォッチ研究所は、ワシントンDCにある国際的な環境シンクタンクだ。ブラウンは時代の先駆者である。彼は早い時期から、「人類はこのままいけば、すべての生命を支えている生態系そのものとぶつかってしまう」と書いていた。

　『地球白書』の欧州の発行者として、このような重要な仕事に携われることはとても光栄だった。とはいえ、環境に関する良くない分析がどんどん出てくることに私の気持ちは沈んだ。私は貢献したかった。状況を改善させたかった。若かった私には、世界が汚染と劣化に沈んでいくのをただじっと眺めていることはできなかったのだ。

　じきに新しいチャンスがやって来た。ワールドウォッチ研究所の年次報告書の発行者として、母国ベルギーで私は環境専門家となったのだ。環境にやさしい洗剤を扱っている小さな会社の経営に関わらないかと誘われ、私は喜んで承諾した。石鹸に関する問題に関心があったからだ。かつてなく強力な石鹸は、水とともに流された後、下水設備で何週間も経たないと分解されず、河川の海洋生物を滅ぼしているという報告を読んでいた。このような洗剤は、シャツのしみを落とした後、何カ月にもわたって魚を“洗濯”し続けることになる。「生分解性の石鹸」という新しいビジョンが出てきてもいい頃だろうと思った。

　1990年代初めに、私は生分解性の石鹸を販売するベルギーのこの環境配慮型の洗剤メーカー「エコベール」の最高経営責任者（CEO）兼共同所有者となった。そして、「我が社は生分解性の石鹸のパイオ

ニアなんです」という話を、あちこちで誇らしげにしていた。だがその後、持続可能性に関する極めて重要な教訓を学ぶことになる。

　自社の洗剤の主成分であるパーム油を生産するプランテーションを開発するために、インドネシアの熱帯雨林が伐採されていることを知ったのだった。私は自分たちは完璧だと思っていた。エコベールは100％生分解性だ。ライバル会社より99.9％良いものだ。でもまずいことに、私たちは欧州の河川をきれいにしている間に、アジアの熱帯雨林とオランウータンの生息地を破壊していた。私たちが設計したのは、お金のために熱帯雨林をパーム油プランテーションに変えてしまうビジネスモデルだった。私は「エコベールの成功をもたらすのは、コスト削減ではなく、熱帯雨林を破壊しないさらに良い石鹸なんだ」とパートナーを説得しようとした。しかし、それがかなわなかった時、私は会社を去った。今日、プラスチック汚染への対応が進まないところにも、同じぶつかり合いがあると見ている。この汚染は、私たちがつくったビジネスモデルの結果なのだ。問題はビジネスモデルなのだ。だから、解決策は、より良いビジネスモデルの設計にあるはずだ。

　ごみも汚染も（地球温暖化も貧困も）、それらが生じるのは、狭い視野でしか「本業」と「スケールメリット」を考えていないからだ。グローバル化の進んだ世界では、同じものをより多く、より安く生産しなければならない。そのため、標準化と自動化を行い、コストを下げ、許される場ならどこでも、地球から盗み取る。コスト削減至上主義的なビジネスモデルでは、起業家は抜ける手は抜き、自社のビジネスが生命に及ぼす影響を具体的に述べることを避け、抽象的な言葉でしか語らざるを得ない。

「コストと利益」という1次元の関係性だけを見ていると、「あらゆる人の基本的なニーズに対応できるチャンスのすべてにおいて価値を創出する」ことなどできなくなる。企業は、環境に及ぼす自社の悪影響を最小化することだけに注力するのではいけない。それでは不十分だ。地球から「盗む量を減らした」と言っても盗みを働いていることには変わりなく、「汚染の量を減らした」と言っても汚染していることには変わりないのだ。プランテーションを構成するパームという単一樹種の林は、たとえ認証を受けていたとしても、生態系を撹乱し、生物多様性を破壊する。最も大事な目標は、「マイナスを減らすだけでなく、プラスを増やす」ことでなければならない。

　さらに言えば、すべての起業家が注力すべき唯一の点は、「社会や人々のニーズに最も貢献する方法を見つけること、そして、自然がその進化の道筋から外れないようにしておくこと」である。企業の存在意義はそれしかない。それが明確になれば、企業とプラスチックとの関係性はたちまち変化する。化石燃料資源をムダ使いしながら、何百年も分解されないプラスチックを1度だけ使ったらごみ箱に捨て、そのごみに対処する責任を他人に転嫁することなど、しなくなる。

　現在私たちを取り巻いている経済論理とは、コストがどれだけかかろうと、バターや砂糖、パーム油、卵、牛乳、ドライフルーツを世界中に輸送してクッキーを焼き、さらにそのクッキーを世界中に輸送して同じ味のクッキーをいつでもどこでも食べたい時に食べられるようにする、というものだ。輸送の各段階で、プラスチックの容器包装が使われる。たいていは1度きり、ほんの短い間使っておしまいだ。このように極端に単純化したアプローチで生産量をどんどん増やしてき

たことから、豊かさの中に飢餓と汚染が存在する世界になった。

　私たちは「効率的な生産と貿易に基づく市場経済の父」として、アダム・スミスを褒めたたえる。しかし、彼の言う「見えざる手」は、私たちが吸い込む空気、私たちを養ってくれる生物多様性、私たちが飲む水に惨禍をもたらしてきた。市場では、見えざる手が需給の効率を高めてきたかもしれない。しかし、製造業者のいわゆる「賢明な利己心」というのは、すべての汚染者が「自分もちょっとくらい汚染しても、みんなの汚染になるだけだ」と知っているということでもある。代償を支払うのは本人ではなく、「みんな」なのだ。

　私は30年にわたってこの現象を注視してきた。1992年にリオデジャネイロで開かれた地球サミットの後、私は日本政府の要請を受けて、国連大学と共同で「ゼロエミッション研究構想（ZERI）」を創設した。ZERIは、私の提唱する「ブルーエコノミー」の創出に注力する科学者と起業家3000人が集まる世界的なネットワークとなっている。「ブルーエコノミー」と呼ぶのは、「グリーン」なだけでは不十分だからだ。「リデュース、リユース、リサイクル」のスローガンでは、破壊を止めることはできない。破壊は終わりにしなければならない。つまりゼロにするのだ。日常的に労働者の0.5％が事故に巻き込まれるような工場をよしとする人はいないだろう。受け入れられる唯一の目標は「事故ゼロ」、つまり「総合的品質管理（TQM）」である。環境に関しても、適切な目標はゼロ、それしかない。

　私は、何であれ地元で手に入るものを利用して、できるだけ多くの「価値」を生むことに100％特化しているビジネスモデルを提案する。すべてのビジネスは、社会・経済コミュニティーのことも含めた生態

系を再生することに注力すべきだ。私のお気に入りの例は「コーヒー」
だ。コーヒーは、石油に次いで世界で2番目に取引量の多い商品であ
る。毎日コーヒーを飲む人のほとんどは、「自分たちが摂取している
のはコーヒー豆のわずか0.2％で、コーヒー豆の99.8％は廃棄されて
いる」ことを知らない。最初に皮（世界で最も豊富に抗酸化物質を含
んでいる）を捨て、その後、コーヒーを淹れた後のコーヒーかすを捨
てている。せいぜい堆肥にしているぐらいだ。

　だが、それでは全く意味をなさない。農作物のほんの一部分にしか
価値を置いていないビジネスモデルをもってして、農家が繁栄できよ
うか。しかし、このひどい状況にもチャンスはある。コーヒー豆の
0.2％しか使われていないのなら、理論的には500倍の改善が可能で
ある。ある物質の利用率を0.2％から100％に引き上げられることに
気づけば、経済成長を生み、人々のニーズに応えることができる。

　私のコーヒー循環の出発点は、コーヒーかすだ。キノコ栽培の理想
的な菌床となるのだ。キノコは人々に売り、残りは鶏の飼料にして、
卵を生ませることができる。私たちは人間のために地球により多くを
求める必要はない。地球が既に惜しみなく与えてくれているものを用
いて、今よりずっと多くのことができる。

　これは実際うまくいく。この「コーヒーモデル」を最初にジンバブ
エの孤児たちのグループに紹介したのが20年前だが、それ以降、世
界中の5000ほどの地域で試してうまくいっている。こういった地域
では、タダで手に入る廃棄物（コーヒーかすのほか、食用作物の廃棄
物など）を使って、食べ物（キノコ）を栽培するという方法をとるだ
けで、飢餓と貧困から抜け出すことができている。地元で手に入るも

ので地元のニーズに応えることに注力すれば、グローバル化のモデルに勝ることができるのだ。ただし、この新しいビジネスモデルは、生み出す成果や結果が場所によって異なることに留意してほしい。廃棄物に価値を与え、既に持っているものを利用することで、自然にもっと多くを求めたり自然を搾取したりすることなく、すべての人のニーズに応える多くのことができるようになる。

　最近独創的なアイデアが出てきて、コーヒーのストーリーは新たな次元に入った。ラトビアのスタートアップ企業、コーヒーピクセルが、コーヒーの実であるコーヒーチェリー をまるごと使ってつくった固形バーを売り出したのだ。コーヒーチェリーには、栄養豊富な皮が含まれている。10gのコーヒーバーには50mgのカフェインが含まれている。最低でも2ドル（約220円）で売られているエスプレッソ1杯やレッドブル1缶と同じくらいのカフェイン量だ。ここには非常に広がりのあるビジネスチャンスがありそうだ。農家がコーヒー1tから生み出せる価値は、有機栽培やフェアトレード、シェードグロウン（木陰栽培）のコーヒーのビジネスではこれまで想像もできなかったほど、大きくなり得る。コーヒーバーはレッドブルの半額で売ることができるが、カフェインの量は同じだ。ということは、コーヒー1tが10万ドル（約1100万円）の収入を生み出し得るのだ。現在のコーヒー農家の取り分は、1t当たり600ドル（約6万6000円）ほどで、有機栽培やフェアトレードのコーヒーなら、800ドル（約8万8000円）もらえるかもしれない程度だ。つまり、コーヒー豆の100％に価値を与えれば、暮らしも人生も変えられるのである。

　価値を生み出す例をもう一つ紹介しよう。プラスチックの難題にも

関連するものだ。かつては、「重量と流通を考慮に入れてライフサイクルアセスメント（LCA）を行うと、ガラスびんよりもペットボトルを使う方が環境によい」と言われていた。その結論は、「本業」の考え方の原動力となっているのと同じ直線的な思考から来ている。しかし、自然界では「何かを1度だけしか使わない」ということなど決してない。自然が「ある生産物を直接リサイクルして全く同じ生産物にする」ということもありえない。どんな木だって、自分の葉っぱを「リサイクル」しよう、秋の葉っぱを取っておいて春に付け直そう、なんてことはしない。そうではなく、木は葉っぱを落とす。その葉っぱは、ミミズやアリ、菌類、微生物といった多くの生き物によって腐葉土となる。その腐葉土は、雨水や鳥の糞と混ざり合い、根っこから再び木に栄養を与えるのだ。すべてのものが終わることのないプロセスに貢献しているのである。

　「木が自分の葉っぱをリサイクルする」というのが理にかなわないのと同じように、「ガラスびんをガラスびんにする」というのも理にかなわない。ガラスびんは、発泡剤として二酸化炭素（CO_2）を混ぜて、発泡ガラスにするほうがよい。優れた断熱材となる。ガラスびんを断熱材につくり変えることは、価値を付加するということだ。廃棄びんからつくられた断熱材は、耐酸性と耐水性があり、カビが生えることもなく、ネズミも寄せつけない。ライフサイクルアセスメントとはまるで違うものの見方を提供してくれる。

　発泡ガラスは、永遠にリサイクルできる。そして、燃えないので、発がん性が疑われる難燃性化学物質も不要だ（第7章を参照）。これ以上のものはなかなかない。このビジネスモデルでは、ペットボトル

を使うことは全く合理的ではなくなる。「生分解性」というラベルが付いていたとしても、ペットボトルを使い続けることは不合理になるのだ。なお、後ほど見ていくが、「生分解性」というのは、「実際に生分解される」というのと同じではない。

　年間550万本のガラスびんを調達できるのなら、ガラス断熱材の製造工場を建てることがビジネスとして成り立つことが分かっている。現在のガラス消費量から考えると、人口4万人ほどの町があれば、この量は調達できる。つまり、地元で使ったガラスびんを材料に地元でつくった断熱材を使うことで、家庭の省エネにつながり、より健康的な生活環境をつくることができるのだ。

　ビジネスモデルを変えるには、「自然はそれをどのようにやっているのか？」と問わねばならない。自然は、信じられないほど高効率のビジネスモデルを持っている。自然にはごみも、汚染も、失業もない。自然の設計の原則は、絶えず多様性を高め、予期せぬ障害に対するレジリエンスを高めながら、複雑な問題に驚くべき解決策を与える。自然は、気候を自ら調整し、水を浄化してミネラルを添加し、残渣を食べ物に変える。土壌の侵食を防ぎ、肥沃度を保つ。授粉をさせる。有害生物とのバランスをとる。さらに、人間がつくり出したどんな技術よりもはるかに高い生産性で、生命の循環と遺伝的な多様性を維持する。ハチドリの効率的な体に比べると、航空機は不格好な構造物にすぎない。そして、クモの糸よりも強い素材は存在しない。

　「自然の原則に基づく新しいビジネスモデルをつくることで、プラスチック汚染に歯止めがかかる」と私は展望している。私たちがすべきことは、「ごみと闘う」ことではなく、「ごみという概念を完全にな

くす」ことだ。何より大事な倫理的な目標は、「人々と地球のために
もっと多くの良きことをなすこと」であるべきだ。単純にそれが最良
のビジネス戦略なのである。なせる良きことが多いほど、優位性が高
まり、より大きな成功を収められるようになる。顧客は他社に行くこ
となく、繰り返し購入してくれるだろう。いかなる環境下でも、この
論理を「チャンスのポートフォリオ」に転換できる。自然が提供して
くれる、そして自然と調和するポートフォリオだ。ポートフォリオが
組めるぐらい、チャンスはたくさんあるのだ。そういったチャンスを
見いだしたら、人々に行動を呼びかけなければならない。それから、
こう告げるのだ。「ところで、これはゼロエミッションでゼロ・ウェ
イストなんだよ」。それだけ言えば、あとは議論は不要だ。

第 3 章

必要なのは知的な設計

お なじみの光景だ。リサイクルボックスが2つ3つ並んでいると
ころに、食事後のプラスチック容器やペットボトルを手にした
人たちが立って、何をどこに入れるべきかを説明する絵をじっと見つ
めている。挙げ句の果てに、このリサイクル意識の高い市民たちは諦
めて、手にしていたごみを一つのボックスに放り込む。分かりにくい
ピクトグラムには目もやらずに、「これかな?」と思ったボックスに
ただ捨てていく人もいる。

　プラスチック汚染をうまく止めようと思ったら、その戦略に「リサ
イクル」は不可欠の要素であるべきだ。だが現実には、消費者のほと
んどはプラスチックのリサイクルについて詳しいことを何も知らない。
「リサイクルボックスに入れたものは一体どうなるのだろう?」と思
っている人も多い。それもそのはずだ。今日、世界の先進国で適切な
ごみ収集インフラを有している国を見ても、適切にリサイクルされて
いるプラスチックは全体のほんの一部分、10%もないのだ。使用済
みプラスチックの大部分が燃やされるか、さらに悪いことにはごみ埋
立地に捨てられている。米国では、プラスチックごみの90%以上が
最後には埋立地にたどり着き、その後何百年にもわたって土壌や地下
水を汚染することになる。

　あるいは、米国をはじめとする西洋諸国は、自国の問題を"輸出"す
ることにして、廃プラスチックを途上国に送り出している。長年、他
国からの廃プラを主に受け入れていたのは、中国だった。適正処理す
るインフラが全くないというのに、世界の廃プラの45%が中国に売
却されていたのだ。2017年、中国はその卑しむべき行為を止めた。
その年、世界最大の廃プラ輸出国である米国は、100万t近くの廃プ

ラを中国に送っていた。中国が扉を閉ざして年間700万t以上の廃プ
ラの流れを断った後、世界の廃プラの主な行き先はマレーシアになっ
た。しかし、マレーシアも2018年には先進国のごみを拒否し始め、
コンテナを送り返すようになった。

　その影響は予想できるものだった。アジア各国が扉を閉ざし始めた
後、カリフォルニア州で最大のリサイクル業者が倒産に追い込まれた。
プラスチックの販売先となる市場が無くなってしまったからだ。輸出
された廃プラのほとんどは、より良いインフラがないがためにリサイ
クルなどされず、プラスチックごみを出した裕福な消費者たちから遠
く離れた場所でただ燃やされ、二酸化炭素と有毒ガスを排出しただけ
だった。

　一方、中国の採った新しい政策は、中国国内のプラスチックのリサ
イクル率を急増させるというプラスの作用をもたらしている。中国の
プラスチックのリサイクル率は、廃プラの輸入を禁止した2017年に、
11％に増えた 。今ではリサイクル率は22％になっており、米国の2
倍以上だ。中国は、輸入禁止によってごみの受け入れ量が減った分を
利用して、自国のごみを処理しているのである。中国の公式の推計で
は、リサイクル産業の価値を1兆ドルとしており、2030年までに
4000万人の新たな雇用を創出し得るとしている。こういった数字を
見れば、どの国でもリサイクルが戦略的な優先事項となることは明々
白々だ。

　そうはいっても、中国とマレーシアの政策変更から分かるのは、た
だ一つ、「現在のグローバルなプラスチック・リサイクルシステムは
うまくいっていない」ということだ。要するに、古紙から新しい紙を

つくったり、使用済みのアルミから新しいアルミをつくったりするの
は、比較的簡単なのだ。自動車の古タイヤから新しいタイヤをつくっ
たり、古いバッテリーの化学物質を使って新しいバッテリーをつくっ
たりすることもできる。しかし、プラスチックのリサイクルは、複雑
で難しい。

　まず、プラスチックには6つの異なる「系統」があり、この主な6
つの分類のどれにも属さないプラスチックをすべてひっくるめた第7
の分類もある。材質の違うプラスチックは、一緒にリサイクルできな
い。簡単にいえば、空っぽの容器を一つ間違ったリサイクルボックス
に入れるだけで、すべてのリサイクルの努力が水泡に帰すということ
だ。現状で、リサイクルが本当にうまくいっているのは、高密度ポリ
エチレン（HDPE）とポリプロピレン（PP）の2種類だけだ。この2種
類の再生プラにはバージン材にほぼ負けない力がある。また、理論的
にはリサイクルできるが経済的ではなく、プラスチックの材質を表す
評判の悪い三角形の識別マークが付いているというのにリサイクルさ
れていないプラスチックもある。

　多くのプラスチック製品は、異なる種類のプラスチックや金属、さ
らには紙まで含んだ様々な層でできていて、分離不可能な混ざりもの
になっている。エンジニアは、大量生産しやすくするために複数のも
のをくっ付けることは得意だが、くっ付けたものをもう一度バラバラ
に戻す方法は誰も知らないのだ。「このプラスチック片はどの系統の
プラスチックか」さえ（もはや）分からないことすら多いのである。

　業界の専門家やプロのリサイクル業者でさえ、リサイクルボックス
の前に立ち尽くしている善意の消費者と同じく、絶望的な状況に陥る

かもしれない。市場の力では、複雑なプラスチックの種類のほとんど
に対応することは到底できないのだ。あらゆるプラスチックの使用を
やめたいと考えている、環境に配慮した店舗やホテルの善意のマネー
ジャーがすべきことを想像してみればよい。

　さらに、プラスチックの多くには、使い勝手を良くするために毒性
が強い添加剤が使われている。例えば、プラスチックのおもちゃには、
子供たちの安全性を考えて難燃剤が含まれている場合がある。柔らか
くするために可塑剤としてフタル酸エステルが入っているプラスチッ
クもある。プラスチックの寿命を延ばすための紫外線吸収剤もある。
ビスフェノールＡは、長い法廷闘争の後に禁止されたが、いまだに海
を漂う古いプラスチックの中に存在している。こうした添加剤の多く
は企業秘密として認められ、情報を開示する必要がない。つまり、ど
のような健康リスクがあるのか、どうすればリサイクル過程で添加剤
を取り除けるのか、何の知識も理解もなしに、私たちは化学物質の"カ
クテル"を消費しているのだ。

　廃プラを使用可能な新しい原材料にするには、毒性や発がん性が確
認されている物質を取り除く必要がある。海から回収したプラスチッ
クからつくった靴や、さらにはセーターなどを身につけるというのは、
すばらしい話に聞こえるかもしれない。だが、どのような有害な化学
物質に我が身をさらしているのだろうか？　つまり、最も先進的な取
り組みでさえ、有効で経済的なリサイクルの仕組みにはほど遠いのだ。
誰が健康リスクをとろうと思うだろうか？

　適正なリサイクル作業をすっ飛ばして、プラスチックの「スープ」
をそっくりそのまま新しいプラスチック製品にしてしまう取り組みが

ある。アート作品もあれば、家具、漁網や新しい道路もある。「ネット・ワークス（網の活動）」というプロジェクトは、フィリピンとカメルーンの漁師にお金を支払って、海に捨てられている漁網を回収してもらう取り組みだ。回収された漁網は企業が購入し、それを原料とした製品をつくっている。2013年以来、漁師たちは224tの漁網を回収してきた。これによって2200世帯が新たな収入を得た。チリの「ブレオ」という会社は、米国の「グリーン」なアウトドアウェアのパイオニアであるパタゴニアの支援を受け、漁網からスケートボードとサングラスをつくっている。「ヘルシー・シーズ（健全な海）」と名づけられたプロジェクトでは、海からプラスチックごみを回収して糸をつくり、その糸で靴下や水着やカーペットといった新しい製品をつくっている。

　「アクアフィル」は、主にナイロン6、ドライアン、XLAといった再生繊維とポリマーの生産で指折りの国際的な企業グループだが、近年100％リサイクル原料でつくられたポリアミドである「エコニール」をつくり出した、世界唯一の生産者である。その原料には、使用済みの漁網、カーペット、衣料、じゅうたん、硬い布地のほか、ナイロン6の製造過程で生じる切れ端やオリゴマーのような使用前の廃棄物も含まれる。「第2の地球はないのだから」のスローガンを掲げる「エコアルフ」などのブランドがマーケティングキャンペーンに成功しているのは、アクアフィルによるところが大きい。

　このような取り組みは素晴らしいものだ。しかし、先ほど述べた添加剤の存在を考えると、このような新製品およびその製造は、おそらく非常に危険で健康に悪いのではないだろうか。アジアの企業には、

許容基準の10倍もの臭素系難燃剤を含む再生プラスチックからおもちゃ（！）をつくっているところもある。物理的な再生法であるメカニカルリサイクルでは、このような有毒物質は除去されない。

　公式には、プラスチック業界はリサイクルを後押ししている。2013年に米国では、「米国化学工業協会（ACC）」が「ラップ・リサイクリング・アクション・プログラム（WRAP）」を立ち上げた。地方自治体、州政府、小売業者と連携して、どのタイプのラップがリサイクル可能で、どこでどのようにリサイクルすればよいか、消費者を啓発するというプログラムだ。同じように、プラスチックに多大な利害関係をもつシェル、エクソンモービル、シェブロンフィリップス、ダウ・デュポンなどの多国籍企業が加盟するロビー団体「プラスチック工業団体」は、ポリ袋のリサイクルを推進するプログラム「ア・バッグズ・ライフ（袋の一生）」をスタートした。

　あまり知られていないのは、この同じロビー団体が米国の各州で、ポリ袋をはじめとする使い捨てプラスチック製品の禁止を阻止するための運動を積極的に展開しているということだ。例えばテネシー州では、そのような先制攻撃のような法案が州議会で可決された。これにより、同州内の地方自治体は、もはやプラスチックに関するいかなる禁止令も成立させることができなくなってしまった。業界が「リサイクルを応援しています」というのは、プラスチック製造業者の少数の株主の利益を守るというとんでもない企てのうわべを取り繕うものになっているのだ。

　有害な添加剤を取り除くことができたとしても、リサイクルは依然大きな難題である。1993年にパタゴニアは、プラスチックごみから

つくったフリースを誇らしげに発表した。それは、先進企業が提案する完璧な解決策に見えた。今日、フリースは土壌や川や海を汚染するマイクロプラスチックの量を急増させた主因の一つであることが分かっている。

　マイクロプラスチックは、「海のクリーンアップ」が幻想である理由になっている。プラスチックは海の至る所にある。汚染が集中している場所などどこにもないのだ。「巨大な太平洋ごみ海域」（太平洋ごみベルト）という言葉が知られるようになり、「これを取り除けばよい」というごみの島があるようなイメージがあるが、そのような島は存在などしていない。プラスチックごみは猛烈な風や海流で水中に沈み、細かくなる。プラスチック片はどんどん砕けて小さくなるが、分子は変わらぬままだ。

　クリーンアップ活動により、プラスチックスープの問題が大きく注目されるようになった。オランダの発明家ボイヤン・スラットは、16歳の時に海流を利用した回収システムを思いつき、世界に知られるようになった。彼の活動やそのほかの活動は人々の意識啓発に大いに貢献し、プラスチック汚染との闘いに多額の資金が集められた。それは良いことだ。だが、だからといって、プールを掃除するロボットのように、人間の技術で海をクリーンアップすることが可能だというわけではない。

　2004年、欧州の13カ国の沿岸の150ほどの町が、「フィッシング・フォー・リッター（ごみのための漁業）」という取り組みを開始した。魚を選り分ける時、一緒に網にかかったプラスチックを別にして、250kgまでごみが入れられる袋に入れて回収する。港に着くと、この

袋はリサイクル施設へと運ばれる。フィッシング・フォー・リッターは、ごみ問題への正しい対処方法だ。とはいえ、毎分ごみ収集車1台分のプラスチックが海に投棄されている事実を踏まえると、その努力も意味を失う。そして、回収されたごみには、よく分からないプラスチックが混ざり合い、有害な添加剤についての情報も示されていないために、十中八九きちんとリサイクルすることはないという事実については、語られることすらない。

　私たちは、ごみが海洋に投棄される前に、陸上でプラスチック汚染を止めなければならない。つまり、流通と消費のパターンを変える必要がある。2014年、ドイツのベルリンとベルギーのアントワープに、初めてのパッケージゼロのゼロ・ウェイストの店がオープンした。客は、例えば木製の歯ブラシなどを買う。卵や砂糖やパスタを買う時は、持参した容器に入れ、重量に応じて支払う量り売りだ。2019年に英国の大手スーパー、ウェートローズも同じような実験を始めた。200の商品シリーズでプラスチックの使用をやめ、客に容器を持参するように呼びかけている。

　米国を本拠地とするスタートアップ企業のループは、ネスレ、プロクター・アンド・ギャンブル（P&G）、ペプシコ、ユニリーバといった多国籍企業と連携し、紅茶やパスタ、さらにはジュースまで、プラスチックを全く使わないリユース可能な容器包装で届けている。今までのところ、ループは限られた市場だけでサービスを試行中である。ループの創設者トム・ザッキーはこう話す。「もし私たちのミッションがごみをなくすことであるなら、リサイクルは長期的な解決策ではありません。自分たちの商品との関係や買い物のやり方をゼロから考

え直す必要があります」。

　別のスタートアップ企業、スプロッシュは、濃縮した住居用洗剤や洗濯洗剤、ボディソープの通信販売を行っている。商品は小さいパウチで届き、各家庭で希釈して使う。こうすることで、スプロッシュはプラスチックと配送費を減らしている。コルゲート・パルモリーブは、5年かけてリサイクル可能な歯磨き粉用のチューブを開発した。チューブを簡単にリサイクルできるようにするためには、内側の薄いアルミ層をなくす必要があった。コルゲートがすべての歯磨き粉をこの新しいチューブに入れて販売するようになるのは、2025年の予定だ。そしてその時もなお消費者は、使い終わったチューブはどのリサイクルボックスに入れるべきか？という難題に直面しているだろう……。

　レストランも「プラスチックフリー」を謳うところが増えている。分かりやすい代わりの容器包装の候補は紙である。しかし、その昔ながらの「紙かプラスチックか」の議論も複雑になっている。ここ数十年、多くの種類の紙が、プラスチックに負けないよう耐湿性を高めるべく、プラスチック（！）の層でコーティングされた構造になっているのだ。

　「プラスチックフリー・ジュライ（プラスチックなしの7月）」は、オーストラリアで2011年に始まった取り組みだ。今では160カ国の200万人以上が、7月にプラスチック製品を使用するのを断っている。この活動では、どうすればプラスチック製品を使わずに済むか、消費者にアドバイスを提供している。例えば、子供向けのプラスチックストローの代わりにはどのようなものがあるか、どうすれば自分で歯磨き粉をつくって、汚染源となるプラスチック製チューブを使わずに済

むか、などである。

　プラスチックフリー・ジュライのような取り組みで浮き彫りになるのは、ほとんどのプラスチックが極めて短い時間しか使われないということである。容器包装プラスチックは、世界のプラスチック生産量の約40％を占める。この容器包装ごみをなくさなければならない。その難題が関わる範囲を示す一つのシンプルな事実がある。それは、気候変動の観点から見ると、食品廃棄物1tの及ぼす影響は容器包装ごみ3t分の影響に等しいということだ。言い換えると、食品の容器包装をやめることで食品廃棄物が増えるとしたら、それは問題を大きくしているだけだということである。

　一方で、より小さな単位で包装されるものがどんどん増えるにつれ、容器包装プラスチックの量は増加の一途をたどるばかりだ。使い捨てプラスチックの禁止を求める声はますます大きくなっている。2002年、バングラデシュは世界で初めてポリ袋を禁止した国となった。いつも決まったようにこの国を襲う壊滅的な洪水の最中に、ポリ袋が排水設備を詰まらせていると分かったことを受けてだ。それ以降、中国やインド、ジョージア（グルジア）、コロンビアのほか、ルワンダ、ジンバブエをはじめとする30ほどのアフリカ諸国など、世界で140カ国以上がプラスチックへの課税や部分的な禁止を施行している。そうはいっても、こうした国々の多くではその「遵守」は明らかな課題であるが。

　韓国は2019年、先進国として初めて、ほとんどのポリ袋を禁止する法律を施行した。韓国政府は、違反した小売業者に高額の罰金を科している。欧州連合（EU）は、2021年までに使い捨てプラスチック

製品の禁止を施行する。興味深いことに、EUはプラスチックコーティングした紙は例外とした。カナダも最近、同じような禁止令を実施する意思を表明しており、おそらく同様の例外扱いを認めるだろう。これは製紙業界のロビー活動の成功であり、環境にとっての成功ではない。

　使い捨て製品の禁止は理にかなっているように見える。貴重でかつ汚染源にもなる資源を、ほんの短い間だけ商品を包装して輸送するために用いるのは、ムダ使いだ。しかし、よく考えてみると、このような禁止令は真の長期的な解決策にはならない。生産の構造と方法は変わらないからだ。使い捨て製品の禁止はたいてい、有権者の懸念にようやく対応しているという姿勢を見せたい政治家による、危機管理である。大事な点は、「ポリ袋そのものが悪だというわけではない」ということだ。どのように設計され、どのように使われるか次第である。

　一つ例を挙げよう。お店で果物や野菜を買い、コンポスト可能なポリ袋に入れて家に持ち帰ったとしよう。サラダをつくった後、皮や生ごみをその生分解性の袋に入れる。その袋は堆肥化できるので、良い腐葉土になり、家で植物を育てるのに使える。その使い捨ての袋はもはや1度使うだけの「使い捨て」の袋ではない。禁止されるべきではない。それどころか、その袋があることで、自治体が収集しなくてはならない生ごみが減り、同時に、堆肥が増えて土壌への養分補給に役立つのだ。

　プラスチック製品を禁止するのではなく、むしろ技術的な能力に沿って機能的に使われるようにすべきだ。そして、その使用をうまく設計された政策の中に位置づけるべきである。プラスチック製品を市場

で売り出す前に、その寿命の終え方をエンジニアリングし設計する必要がある。

　そもそもの始まりから、プラスチック汚染の核心には壊滅的な設計の失敗があるのだ。1907年、ベルギー生まれの米国人の化学者レオ・ベークランドが「ベークライト」を開発した。合成素材でできた最初のプラスチックだ。ベークライトは、20世紀前半に私たちの生活のあらゆる面に浸透したといっていい。おもちゃをつくるのにも、電気製品や断熱材、さらには宝石にも使われた。非常に扱いやすく融通の利くプラスチックだったので、その成分が人間と社会にどのような影響を及ぼすかなど誰も考えもしなかった。ベークライトには、ホルムアルデヒド、アスベスト、極めて有毒なポリマーが含まれている。今日ではベークライトは「サイレントキラー」（無言の殺人者）と考えられ、取り除く必要がある。そして、禁止後何十年も経った今でも、特別な処理施設に持ち込まれている。

　私たちは、ベークライトが呈する健康リスクについて知っている。でも実際のところ、現代のプラスチックに伴う危険性はほとんど分かっていない。プラスチック業界には、戦略的優位性をもたらす添加剤の使用に関する機密事項が山のようにある。100年以上前にレオ・ベークランドが行った貢献と同様、イノベーションがもたらす長期的な影響についてのどんな懸念よりも、今日の使い勝手の方が大事なのだ。私たちは問題が分かっている時でさえ、行動に移さない。プラスチック業界は、難燃剤の使用を規制しようとするあらゆる試みに抵抗し、政治家に解決不可能な二者択一を突き付ける。「火事で死ぬのとがんで死ぬのと、どっちがいいのか？」と。

意識と責任をもって設計と生産を始めれば、こんなジレンマは存在しない。「知的な設計」へのニーズは極めて大きい。このような設計には、プラスチックが時を経てどのように分解するかを織り込む必要がある。既に1980年代にはブラジルで、化学者たちがサトウキビからポリマーをつくる実験をしていた。当初このような試みを駆り立てていたのは、石油が枯渇するのではないかという恐れだった。インペリアル・ケミカル・インダストリーズ（ICI）も、1980年代に最初の生分解性プラスチック「バイオポール」を発表した。欧州委員会は1990年代初めに、政策における「生分解」の定義を始めた。これまで40年にわたって調査と政策立案を続けてきたが、「分解」に関していまだに多くの混乱がある。

　多くの商品が、その包材が「生分解性」だと誇らしげに謳っている。その意味するところは、その素材は土中で微生物の作用で分解されるということだ。しかし、その同じ素材が水中に入ってしまったら、何百年もの間分解されない。ただ、どんどん小さい破片に細かく砕けていくだけだ。既に欧州の農地には、多いところで1ha当たり400kgのプラスチックごみが入っている。アフリカのサハラ砂漠には、平均して1ha当たり40kgほどのプラスチックがある。砂漠や草地や林の中に残されたプラスチックは、太陽や天候にさらされ続け、何百年にもわたってそのまま残るだろう。「生分解性」の意味するところは、「土壌中のバクテリアの力で、または、工業的な堆肥化設備の中で、分子が分解されるように設計されている」ということでしかない。太陽の下や水中で分解されるわけではなく、言うまでもなく塩分（保存料だ！）が含まれる海水では無理である。プラスチックの太陽光による光崩壊

や、水中での別の種類の分解に関する基準は、まだ何もない。土壌中でプラスチックを分解する種類のバクテリアは、水中には全く生存していないのである。

　時折、学術雑誌に、「科学者がある生物の力を借りてプラスチックを、水中や土中などで分解することに成功した」という記事が掲載される。こうした偉大なるイノベーションは、自然がやっていることの模倣であることも多い。しかし、あらゆる状況下でいつも短期間のうちに分解されるようなプラスチックの設計に成功しない限り、プラスチック汚染に成功裏に取り組むことはできないだろう。この難題への対処に成功している企業が何社かある。第6章で紹介しよう。「ビジネスモデル抜きでうまくいく科学的な解決策はない」ということが重要だ。プラスチックをリサイクルしたり新たな用途に用いたりすることは、経済的に儲かるものにならなければならない。プラスチック業界が変われるかどうかは、太陽の下、海中、土中という3つの条件のどれであっても分解できるように、何十万という分子を設計し直せるかどうかにかかっている。良いビジネスモデルがなければ、この巨大なプロジェクトは成功しない。

　長年、化粧品会社は保湿クリームや日焼け止めといった製品にマイクロプラスチックを入れてきた。このような製品では水に次いで2番目に重要な成分がポリマーだった。今日、このようなマイクロプラスチックは海洋中の至る所にある。化粧品業界のリーダーたちは、「私たちはもうこのような合成ポリマーは使用していません」と言おうと一生懸命だ。しかし、「何十年にもわたってあなたたちが引き起こしてきた汚染（副次的被害）を除去するための意味ある解決策について

はどうですか？」という話になると、痛ましいほどに押し黙ってしまう。

　産業界のリーダーたちは、「プラスチックの将来」に関する会議があると、バイオプラスチックと使い捨て禁止への支持を表明する。都合の良いことに、世界で最悪の汚染事業から利益を得続けようと死に物狂いで闘っている米国のプラスチックロビー団体については、誰も口にしない。ソフトドリンクの大手企業は、生分解性プラスチックをわずかに含むペットボトルを導入している。水のペットボトルの消費量を考えればそのわずかな割合でもプラスチック問題に意味ある影響をもたらすと主張し、拍手喝采を求める。スイスのネスレ本社では、専従の科学者50人がキットカットやペリエやピュリナ（ペットフード）といったブランド用に、プラスチック以外の新しい包材の開発を進めている。しかし、このスイスの大企業は、「プラスチックのない未来を考えているわけではない」ことを認めている。ネスレでは現在、年に170万tのプラスチック包材を生産している。そして、現在進行中のプラスチックのすさまじい海洋投棄を止める何の計画も、誰も持ち合わせていない。この危機については、業界のリーダーたちが集まる会議「プラスチックの将来」のアジェンダには入っていないのだ。

　この業界が注力しているイノベーションは今でも、様々な種類のプラスチックや金属の組み合わせ、多層構造をつくることで、機能性と性能を改善することだ。だが、本来であればその創造力のエネルギーは、統合された再生型（リジェネラティブ）の経済におけるプラスチックの使用に向けてのビジョン設計・開発に向ける必要がある。

第 4 章

メッセージを掲げた船で世界を巡る

|20| 12年、双胴船「プラネット・ソーラー号」は、ソーラーエネ
ルギーだけで世界一周を達成した初めての船となった。この世
界最大のソーラー双胴船の旅の焦点は、「地球温暖化の流れを一転さ
せるソーラーエネルギーの可能性」について意識啓発を行うことだっ
た。2015年にプラネット・ソーラー号が航海を終えた後、ドイツ人
オーナーのイモ・ストローハーは、その船をレース・フォー・ウォー
ター財団に提供してくれた。それは気前の良い贈り物に見えたが、船
の所有者なら誰でも知っているように、船を所有するのはお金がかか
る。ヨットを良い状態で維持するには多額の資金が必要だ。それだけ
のお金をかける意味があるのは、何度も航海に出るか、その船が特別
なミッションを持っている時だけだ。

　私たちは、優れた革新的な船を活用することで、レース・フォー・
ウォーター財団のミッションを最大限に果たせるだろうと考えた。最
新鋭のモダンな帆船を100％環境配慮型の船につくり変え、クリーン
に海を航海できることを世界に示すという旅路に乗り出した。私たち
のビジョンでは、海洋プラスチック汚染について説得力をもって効果
的に意識啓発を行うためには、クリーンで再生可能なエネルギーのみ
を動力とする船で航行する必要があった。

　双胴船「レース・フォー・ウォーター号」は、512m²のソーラーパ
ネルで覆われ、未来型の宇宙船が浮かんでいるように見える。ソーラ
ーパネルでバッテリーに充電し、電動モーターに給電する。船にはマ
ストがないが、それでも帆走できる。パラグライダーのような形をし
た40m²もの大きな牽引カイトがあり、これで船を前進させるのだ。
カイトは100〜150mの高さに揚げられる。この高さでは比較的強い

風が安定して吹いているからだ。カイトを使えるのは船が追い風で進む時だけ。それ以外の風向きの時は電動モーターでスクリューを駆動する。

レース・フォー・ウォーター号のカイトは、ドイツ生まれの偉大なイノベーションで、大昔からある凧の技術と、ヨーヨーと鳩時計というこれまた年代物の発明2つを組み合わせたものだ。ヨーヨーの仕組みを使って、その風況下で最大の効率が得られるように、人工知能（AI）とロボットがカイトを断続的に引き寄せる。この機械的な力はその後、鳩時計の原理を用いて一定に調整される。風況が激しく変動しやすい中でも、発電用タービンへの供給を均一にするためには、この調整が極めて重要である。例えば、典型的な風力タービンは、暴風時には自動的に停止する。タービンが高速回転して制御不能になるのを防ぐためだ。ヨーヨーと鳩時計の技術を組み合わせることで、レース・フォー・ウォーター号のカイトは、船が追い風でさえあればどのような状況でも安定して使えるようになっている。カイトが決められた範囲から飛び出して周囲の物体と衝突しないように、AIも使われている。カイトのロボットは航空機のトランスポンダにも反応し、接近中の飛行機の航路内に入らないようカイトを自動的に調整する。

夜間はバッテリーの電力でモーターを動かすことができる。バッテリーは、ソーラーパネルでの充電があまりできない曇りの日にも、船に電力を供給できる。しかし、バッテリーの容量がゼロになることもある。バッテリーをたくさん搭載すれば、その重量で船の重量が増えるリスクがある。他方、そこそこの容量のバッテリーでは、電力切れになり、太陽光による充電が再開できるまで待たなければならないリ

スクもある。常に「あちらを立てればこちらが立たず」状態なのだ。だから、船にはバックアップ用のディーゼルエンジンも積んである。だが、ディーゼルは汚染をもたらす化石燃料である……。

　レース・フォー・ウォーター号は、別のソリューションを見つけなければならなかった。船は世界中を航海し、寄港地に予定日に到着して会議や政府指導者らとの会合などのイベントを主催することになっていたからだ。つまり、レース・フォー・ウォーター号の冒険（オデッセイ）は、予定表に沿って進める必要があったのだ。曇りの日が数日あってもミッションが頓挫しないように、船にはもっと動力が必要だった。その必要性から、大きなイノベーションが生まれた。

　航海を行うほとんどの船と同じく、この船にも淡水を生成するための脱塩装置がある。しかしレース・フォー・ウォーター号には、船上で水素を生成するための電解槽も2つある。水素は、非常に効率の良いエネルギーの運び手である。長期間にわたってエネルギーを貯蔵しておける。この船では、25本の高圧タンクに200kgの水素を貯蔵できる。必要な時には2つの燃料電池で水素を電力に換えることができるのだ。

　電解槽で水素をつくるのは、船がドックに入っている時やカイトで牽引されている時だけで、余剰のソーラーエネルギーを使って生成する。電気分解に必要なエネルギーは、海で船を進めるためにスクリューで使うべき電力と競合してはならない。水素システムのおかげで、レース・フォー・ウォーター号は自立航行期間が6日増える。今では、太陽光も風もない時にも、8日間航行を続けることができる。海で8日間以上にわたって太陽が全く顔を出さないことはほとんど起こらな

い。大西洋から南太平洋を3万海里航海した後に統計データを見てみ
ると、水素のバックアップはほとんど使われていないことが分かった。
船が使うエネルギーの67％はソーラーパネルから、24％はカイトか
ら、そして貯蔵された水素によるものはたった9％だった。これまで
のところで、何らかの外部のエネルギー源を加える必要は全くなかっ
た。

　海水と太陽光を使って電力をつくり、さらに飲料水を生み出す技術
は、ずっと前から存在していた。燃料電池が発明されたのは1839年
だ。それにもかかわらず、レース・フォー・ウォーター号が水素で動
く最初の船となったのは、ほんの数年前のことだった。

　この技術は、レース・フォー・ウォーター号のミッションに重要な
要素を加えている。この船は、プラスチック汚染の多大な影響を受け
ている多くの島や沿岸地域へと航行する。ほとんどが貧しい地域で、
多くの場合、電力を供給しているのは、汚染をまき散らす高額の輸入
ディーゼルを燃料とする発電機だ。レース・フォー・ウォーター号は
このような地域に対して、「今日の水素技術は成熟していて、信頼で
き、持続可能であり、化石燃料による発電に代わるクリーンなエネル
ギー源となる」ということを実演できる。このメッセージは強力だ。
太陽光と海水と風がある場所ならどこででも電力が得られるほか、飲
料水や農業用水も得ることができ、地域社会の未来を変えることがで
きる。40m^{2}のカイトが1つあれば、2500世帯分のエネルギーを生み
出せるのだ！

　モルジブは、カイトをエネルギー源として採用する準備ができた世
界で初めての国である。このインド洋に浮かぶ島々は、ソーラーパネ

ルを広く設置できるだけのスペースがなく、従来型の風力タービンを支えられるほど地盤が固くない。

　世界最大のソーラー双胴船の旅を通じてレース・フォー・ウォーター号のミッションを示そうという決断は、良い結果を生んだ。私たちは、自分たちが重要な前向きのメッセージを携えていることを知っている。しかし、ごみについて誰も話したがらないことも知っている。気が滅入る話題だからだ。でも、めったにないような持続可能な船に招待した上で、汚染や海洋保護といった難しい会話をしようとするのなら、話はまるで違ってくる。地域の環境活動家もビジネスパーソンも政府のリーダーたちも、あらゆる人が私たちの船に乗ってみたいと言う。この革新的な船のおかげで、レース・フォー・ウォーター号のミッションへの人目を引く支援も集めることができている。ハイエック家が所有するスイスの高級腕時計メーカーであるブレゲが、この活動の主要スポンサーだ。

　影響力の強い人々や思想的リーダーはみな、船を訪れて同じ体験をする。刺激的なイノベーションを見に来た彼らは、船に乗った後、プラスチック問題の惨状や自分たちにも実行できる持続可能なソリューションについての話を聞いてくれる。私たちの船は、参加者が80人を超えるような会議やワークショップ、講義などのイベントを開催できるようにつくられている。船は通常、各寄港地で1〜2カ月滞在し、その期間に学校の子供たちが毎日5クラスずつやって来る。子供たちは、クリーンエネルギーやプラスチック汚染について学び、帰った後もレース・フォー・ウォーター財団が開発した特別な教材を使って、体験を続けるのだ。

　学校から子供たちがやって来たり、ワークショップや会議を行う中で、私たちはレース・フォー・ウォーター号のミッションの3本柱（Learn「学び」、Share「共有」、Act「行動」）のうち、「学び」と「共有」という2つのミッションを実行している。「学び」の部分では、世界中の大学からやって来る科学者チームがお互いに学び合う場をつくっている。科学者たちは一緒に海を渡りながら、海洋生物や海水のサンプルを取り、島や沿岸域周辺のプラスチック汚染を観察する。特別に設計された90m^{2}の船上ラボで初期調査を行った後、さらなる分析と研究のために調査結果を大学に送る。

　2015年の最初のレース・フォー・ウォーター号の冒険（オデッセイ）は、通常のセーリングカタマラン帆走双胴船で10カ月にわたって世界中の海を航海するものだった。この調査旅行の間にボルドー大学の科学者たちは、プラスチック汚染の大部分は大きな「環流」に集積しているのではなく、むしろ細かいマイクロプラスチックになって海の至る所で海洋生物を汚染しているということを確認した。このチームは大西洋、太平洋、インド洋に面した30カ所のビーチでサンプルを採取した。科学者たちは今なおデータの精査中で、マイクロプラスチックが魚の細胞や胚や稚魚に与える生態毒性の影響について研究を続けている。この調査旅行で極めて明快に分かったことは、「プラスチック汚染は海に到達する前に陸上で食い止めなければならない」ということである。

　2017年に2度目のレース・フォー・ウォーター「希望の冒険（オデッセイ）」が、フランスから始まった。モットーは「プラスチックごみは問題であり、ソリューションでもある」。この新しいソーラー双胴船での航海は5年間の旅で、2020年の東京オリンピック・パラリンピックや2020〜

21年のドバイ国際博覧会（日本版注：いずれも約1年延期）といった主要な国際イベントに重なるようにスケジュールが組まれている。5年間に38の都市と地域を訪問する予定だ。訪問地での寄港中に、子供やビジネスリーダー、政府リーダーたち5万人を船に受け入れる見通しである。またこの5年間に、約10の科学研究ミッションを受け入れる予定だ。

　既にチリの生物学者たちが、プラスチック汚染がイースター島周辺の海鳥に与える影響について調査を行っている。ドイツ、ノルウェー、キューバの科学者たちも船に乗り、海のマイクロプラスチック汚染について調査している。オランダの研究者たちは、「プラスチック圏」プロジェクトのために来ている。「プラスチック圏」という用語は、プラスチック汚染の影響下で展開する新しい生態系を指す。フィジーの科学者たちは、トンガとフィジーの間の表層水のマイクロプラスチックについて評価を行っている。フランスとベルギーの科学者たちは、カリブ海のグアドループ周辺の海域で同様のサンプリングを行っている。

　こうした科学的な調査はすべて、レース・フォー・ウォーター号が低速で航行しているおかげでできる。後部甲板から直接海水に手が届き、サンプル採取や測定がやりやすいのだ。騒音や燃料による汚染が皆無であることも、科学的調査の役に立っている。

　レース・フォー・ウォーター号の「学び」というミッションの最後の要素は、陸上のプラスチック汚染の調査に関するものだ。船がドックに入るすべての場所で、レース・フォー・ウォーター号のスタッフは、その地域の汚染とごみ処理インフラについて分析する時間をとる。

スタッフは各地域について詳細な報告書を書き、プラスチック汚染を止めるための解決策にとって不可欠なデータを収集する。

　レース・フォー・ウォーター号は世界中を航行しながら、海を守り、海上輸送のクリーンな未来を守るための実用的な解決策が存在することを実際に示している。レース・フォー・ウォーター号のミッションの最後の柱は「行動」だ。海洋プラスチック汚染を止める解決策を示すことでこのミッションは果たされる。結論からいえば、今後10年間で、雇用を創出しクリーンエネルギーを生みながら、プラスチック汚染の80％を止めることができる。どのようにしたら可能か。その方法を第8章で説明しよう。

第 5 章

プラスチックと土壌の「目標と原則」

私たちは現在、実にバラエティ豊かな、選択肢に満ちあふれた素晴らしい世界に住んでいる。スーパーマーケットに行けば、同じものが様々な形で、様々な種類の包装に入って、バリエーション豊かに並んでいる——歯ブラシも石鹸も、牛乳も卵も、さらには、肉ひと切れ、クッキー1枚でさえ個別に包装されている。オンラインショッピングを利用すれば、選べるものや選択肢の幅は瞬く間に何倍にも増え、パッケージは増える一方だ。似たような暮らしをしている人々の間でも、日常的に全く同じもの（銘柄）を使っているという人はほとんどいない。これが、マーケティングとグローバル化の影響下にある現代の暮らしの現実なのだ。

　この現実が、規制づくりや政策の策定にとてつもない難題をもたらしている。ありとあらゆる選択肢と可能性を把握して分かりやすくて利用しやすい法規制にすることは、気の遠くなるような作業だ。法律は分類と例外だらけの分厚い書物になってしまう。法案を通す政治家たちでさえ、自分たちの制定した法律を完璧には理解していないことがあまりにも多く、時代遅れとなった法律が廃止されることなどめったにない。経済発展やイノベーションを妨げる官僚たちに対して、起業家や企業経営者たちが長きにわたって苦情を言ってきたのも無理もない。それに対して、世界中の政治家たちは規制緩和を選挙スローガンに掲げてきた。

　非常に複雑な世界において、あらゆる状況を網羅する規則をつくるのは無理な話だ。同じことがプラスチック業界にも当てはまる。昼食のサラダの野菜や果物の皮や食べ残しを入れるポリ袋なら、2～3日もてばよい。他方、地域の住宅に水を供給する地下の塩ビ管は、50

年はもってほしい。同じプラスチックでも大きく異なるのだ。ポリ袋
の方は、堆肥となって土に養分を還す野菜くずとともに速やかに分解
されて健全な土壌と化すべきだ。そういう袋なら、大いに必要とされ
ている土壌生成の重要な一助となる。だが、塩ビ管がすぐに分解して
もらっては困る。そんなことになれば、私たちへの水の供給が止まっ
てしまう。かといって、水道システムが更新・変更された後、塩ビ管
が数百年間をかけて分解し、マイクロプラスチックとなり、将来世代
の命と暮らしを汚染するというのも困る。

　賢明な政策の出発点は、ごみを理解することだ。実際には、「そも
そもごみというものは存在しない」と理解することである。自然界に
はごみはない。自然界では、どのような物質も常に、無限の再生ルー
プにおける新たなプロセスにとっての資源となる。木から落ちた葉っ
ぱは、ミミズやアリ、菌類、微生物といった多くの種によって腐葉土
となり、雨水や鳥の糞と混ざり合った土壌が根っこを通して再び木に
栄養を与える。木々を育むその土壌が、私たち人間も含めあらゆる生
命を維持しているのだ。

　その木は、生命が網の目のようにつながり合ったその中心にあって、
まるで神経系のように張り巡らされたキノコのネットワークの真ん中
にそびえ立っている。この例示は、ごみと土壌の間の複雑な関係を端
的に示している。あらゆる産業を支配している細分化された線形のア
プローチでは、うまく汚染を取り除くことは絶対にできない。要は、
廃棄物政策がうまくいかないと、土壌も劣化してしまうということだ。
政策づくりを大きく飛躍させなくてはならない。環境の保護だけに焦
点を当てた政策ではなく、自然の再生に注力すべきだ。

欧州連合（EU）は、進歩的なイタリア人のカルロ・リパ・ディメアナ環境担当欧州委員のリーダーシップの下、1994年、世界で初めて包装および包装廃棄物に対する「生分解」の基準を導入した。このEU指令94／62は、「生分解性の包装廃棄物は、完成したコンポストの大半が最終的に二酸化炭素、バイオマスおよび水に分解するような、物理的な、化学的な、熱による、または生物学的な分解を受けることができる性質を有する」としている。容器包装が土中、太陽の下、水中という地球上の3つの主な場所で分解されるべきことには、触れられていない。

　それから25年近く経った2018年、EUはもう一歩踏み出した。欧州のビーチで見つかる上位10種類のプラスチックおよび漁具の使い捨てを禁止したのだ。このEU指令2019／904 は、プラスチック製の綿棒やカトラリー、レジ袋、皿、ストロー、マドラー、風船の棒など、海洋汚染のほとんどを占めているプラスチック製品を2021年までに禁止するものである。この新しいEU指令を見ると、規制の抱える難題がよく分かる。新ルールの下では、堆肥化できる食べ残しを庭の堆肥の山まで運ぶのに使える堆肥化可能なポリ袋も禁止している。これでは筋が通っていない。製紙業界のロビー活動が成功して、同じ指令の中でプラスチックコーティングされた紙の使用と廃棄が依然認められているのも、ばかげている。

　問題は、「廃棄物を経済の中に組み込み、土壌の絶えざる再生を確かなものにするにはどうしたらよいか」というビジョンがないことだ。だから、私たちが変わらないビジネスモデルと政策の枠組みに固執し続ける限り、環境汚染と土壌劣化は続く。私たちは、下水の再利用に

関する政策を策定していない。ある種のプラスチック製品を禁止することは、ある製品の最終用途を別の何かの資源として思い描くこととは違うのだ。

　明快な出発点がある。環境規制に関していえば、EUは世界のパイオニアと見られている。「欧州連合の機能に関する条約」の第191条は、すべての政策が「予防原則に則り、予防措置を取るべきこと、環境被害は優先的に発生源から正すべきこと、汚染者が負担すべきことという原則に基づく」べきであるとしている。

　そこで私たちは、プラスチック問題の解決に向けて、以下の原則を提唱したい。

原則1——予防原則

　予防原則は、公衆衛生と環境に関わるすべてのことに関して、最優先されるべき原則である。しかし、この原則に「機能性（使用期間）に応じて」を加えて初めて、プラスチックごみの蓄積を止めることができる。自動車のタイヤや送水管、歯ブラシやポリ袋に対して、堆肥化と生分解に関する同一のルールを適用することはできない。

原則2——すべてが再生可能

　2つ目の重要な原則は、「プラスチックを何からつくるか」に関するものだ。言うまでもなく、あらゆるプラスチックは化石燃料以外の再生可能な資源からつくるべきである。自然界には、あらゆる種類のポリマーをつくる優れた能力がある。それぞれのポリマーはその特定の生物種のニーズに合うようにつくられている。しかし、プラスチッ

クの製造を決して食料と競合させてはならない。過去に、トウモロコシをプラスチックなどの工業プロセス向けに使ったがために、途上国の貧しい地域でトルティーヤ（タコスをつくるのに使われる薄焼きパン）の価格が跳ね上がったことがある。そういったトウモロコシ由来のプラスチックは生分解性であるかもしれないが、貧しい人々の食料を犠牲にして生産することは明らかに容認できないし、持続可能なポリマーをつくる別の選択肢がたくさんあるのだからわざわざそうする必要もない。第2章のパーム油の話と似ている。生分解性ではあっても、持続可能でないのは確かだ。もっと良い選択肢があるはずだ。例えば、麻や絹、アザミ、海藻からポリマーをつくることができる。そして、こうした資源を栽培すれば、炭素の隔離や無機質の再循環など、多くの追加メリットがある。食料資源と競合することもない。

　プラスチック製造の原料を選定したら、次に考えるべきは、究極の目標だ。それは、「すべてのプラスチックはその機能上の寿命を終えたら、土中、太陽の下、水中で分解しなければならない」ということである。しかし、無害で分解されるというだけではない。木の落ち葉のように、分解された最後には土壌に養分を補給すべきである。「灰は灰に」とは、人間の生命について言われる言葉だ。この指針となる原則は、「すべてのものは土から生まれ、すべてのものは土に還るべきだ」ということだ。そうでない戦略だとしたら、ゆくゆくは栄養循環を崩壊させることになる。

原則3——拡大生産者責任

　3つ目の原則は、製造者の役割に関するものである。企業は、自社

製品が環境と社会に及ぼす影響に責任を持たなければならない。その
責任は、売買契約が結ばれた瞬間や製品の保証期間が切れた瞬間に、
あっさり終わるべきものではない。政策策定に関わる人々は、「拡大
生産者責任（EPR）」という話をする。製造者は、廃棄（さらに言う
なら「次の寿命」）の段階まで含め、製品のライフサイクル全体に責
任を負うとみなされるのだ。

　EPRは既に、自動車のタイヤやバッテリーなど、利用可能な原材料
が簡単に回収できる産業では、かなりきちんと取り入れられている。
プラスチックは、まだそれにはほど遠い。業界は、このように言い訳
する。「紙コップをコーティングする薄いプラスチック膜を生産して
いる企業は、ポリマーが太陽の下で分解されないことに責任はない。
なぜなら製紙業者がその紙コップに紫外線吸収剤を添加しているのだ
から」といった具合である。

原則4——くっ付けられたものなら、解体できる

　原材料が回収できるよう、製造工程を変えなければならない。例え
ば、特定の性能のために多層から成るプラスチックの製造はやめると
いったことだ。今日では、エンジニアはごく普通に、プラスチックや
紙やアルミ箔を複雑に組み合わせて高速で製造される製品を設計する。
しかし、それをバラバラに戻すことは誰にもできない。「誰にも分解
方法が分からないものは製造してはならない」というシンプルなルー
ルを設けるべきだ。「埋め立て」という解決法は徐々に勢いを失いつ
つある。しかし、今日好ましいとされる「焼却」という解決法では、
有用な成分は完全に失われ、有毒ガスが排出されることになる。

業界の責任に関していえば、まださらに多くのことが必要だ。おむつをはじめとする複雑なプラスチック製品を製造している業者に、その汚染を引き起こすような製造をやめてもらう必要があるだけではない。過去数十年間に発生させた汚染の責任もとってもらわなければならない。化粧品業界は長年、「ハイドレーティング（含水）」ジェルクリームや日焼け止めといった製品にマイクロプラスチックを添加してきた。大手ブランドはそのようなことはもうやめたと主張するが、これまでに添加してきたマイクロプラスチックは今や海洋中に散らばっている。この後の章で見ていくが、その汚染を取り除くには多額の費用がかかる。この最悪の事態を引き起こした企業が、真っ先にクリーンアップの責任を負うべきである。それが真の拡大生産者責任だ。散らかすのをやめるだけでは、とても十分とはいえない。

　機能性をベースとした予防原則と、食料生産と競合しない資源を使うという再生可能原則、拡大生産者責任（EPR）原則、そして「くっ付けられたものならすべてまた解体できる」という原則。これらの原則を合わせることで、規制の基盤が整う。そして、世界的なプラスチック汚染という破壊的な勢いを反転させ始め、プラスチックの製造を「究極的には生命の礎としての土壌を再生する活動」へと変えられる可能性がある。新たな規制を思い描く必要はない。実際、このような指針となる原則が明確に定められれば、グレーゾーンや、曖昧さ、ロビイスト、その他過去の論理を必死に守ろうとする人々が存在する余地はなくなる。プラスチック製品の生産と使用に関する責任が極めて明快になるのだ。さあ、健全で持続可能な生産の導入方法については

もう分かった。散らかしたものの片づけに取りかかろう。

第 6 章

廃棄するか、ごみを活用するか？

国際連合が「気候変動に関する政府間パネル（IPCC）」を創設したのは1988年のことだった。当時、地球温暖化という危機が姿を現し始めていたことに対応するためだ。IPCCは長年、気候変動のパターンおよび関連するエネルギー予測について、広範に報告してきた。設立から30年以上経った2019年に、初めて土地利用の問題を取り上げた『気候変動と土地』特別報告書が出された。この報告書では、地球温暖化によって、世界の多くの地域で干ばつや土壌侵食、山火事が増えるとともに、砂漠が拡大し、作物の収量が減少しつつあることを警告している。国連食糧農業機関（FAO）は「集約農業によって、塩類集積や化学物質汚染、養分枯渇が起きており、既に地球上の土壌の3分の1が劣化している」という所見を出しているが、このIPCCの報告書も、土壌の劣化にプラスチック危機が多大な影響を及ぼしており、これが現在進行形の災厄だという追記を加えている。同時に、プラスチックは土壌再生の解決策の一翼を担うこともできる。

　人類は、食料や衣類を得、命をつなぐために、氷に閉ざされていない地表の72％を利用している。肥沃な土壌がなければ、生きていけない。そしてIPCC報告書の結論の中でも最も目立つものの一つが、「耕起栽培が行われている農地では（ほとんどの農法がそうだ）、土壌形成のスピードの100倍以上の速さで土壌侵食が進んでいる」ということだ。不耕起栽培の土地でも、土壌は形成されるスピードの10〜20倍の速さで侵食されている。自然界では10cmの土壌をつくるのに約2000年かかる。農業はこのままいけばこの自然と衝突することになる。他方、土壌を台無しにしている農業は地球温暖化の大きな原因となっている。植物や森林は、温暖化を引き起こす二酸化炭素（CO_2）

ガスを大気中から吸収し、土壌に固定することができる。しかし、近代農業と土地利用のせいで、土壌はCO$_2$の吸収源となるどころか、全体の約4分の1にあたる量の温室効果ガスを排出している。

　生命の維持に欠かせない土壌が失われつつあるだけでなく、今の土壌はもはやかつてほど豊かではなくなっている。その結果、私たちが口にしている食べ物には、祖父母が食べていた時ほどの栄養が含まれていない。研究によると、この50年の間に、ジャガイモは銅と鉄の半分、カルシウムの3分の1、ビタミンCの半分を失い、ビタミンAにいたってはほぼすべてを失っている。ブロッコリーは、がん細胞をやっつけるスーパーフードとしてよく推奨されるが、今日では1940年に比べて銅は80％減である。今日80年前のトマト1個と同じ量の銅を摂取しようと思ったら、トマトを10個食べなければならないだろう。祖父母の時代のオレンジ1個分のビタミンAをとろうと思ったら、オレンジを8個食べなければならない。私たちは今でも、重さを量って食料の価格を付けているが、真の価値は栄養素の含有量にある。そして、それは土壌の質に左右されるのだ。

　これらは、厳しい現実を示す例のごく一部にすぎない。研究から、ほかの何十もの果物や野菜にも同様の栄養分の減少が見られることが分かっている。果物や野菜を食べれば、今も昔も変わらず健康的になれると私たちは思っている。しかし実際は違うのだ。栄養価は土壌の質と直接関係している。植物は、土壌から吸い上げられない栄養分を人間に与えることはできない。集約型農業でつくられる食料はますます、施された化学肥料を振りかけたもののようになってきている。確かに、有機農産物にはより多くの栄養分が含まれている。しかし、栄

養分の減少という全体的なすう勢からは逃れられない。

　500年以上前に、レオナルド・ダビンチは今日の危機を予見していた。「希少な資源を捨てるという不当な廃棄物管理を行えば、食料生産の未来も人類の未来も損なわれるだろう」と警告していたのである。私たちは、土壌をムダにしているだけでなく、廃棄物もムダにしている。ダビンチは、下水回収による衛生管理を行えば人間の健康に恩恵があるだろうと理解していた。しかし、人間の排泄物には、軽率に捨てるべきではない貴重な栄養分が含まれていることも知っていた。今日、下水汚泥は処理されているかもしれないが、生産的な形で活用されていることはめったにない。そして、ほかの廃棄物は何も生産することのないごみ埋立地に送られる。

　おむつを使って、生命に不可欠な資源を生命の循環から取り出してごみ埋立地や下水管に送るということをする生物種は、人間をおいてほかにない。使い捨ておむつは、1942年にスウェーデンでつくり出された。このイノベーションを、先見の明がある政府が後押しした。ジェンダー平等を推進し、働く母親の家事の負担を減らすためだ。これは社会的に偉大な発明だった。と同時に、非常に大きな儲けと非常に大きな汚染をもたらす巨大産業の始まりでもあった。排泄物を吸収する綿状パルプを供給するために、熱帯地域では遺伝子組み換えマツが何百万本と伐採され続けている。石油を使って、違う種類のプラスチックを組み合わせた3層構造をつくり出し、赤ちゃんが排泄できる量の500倍もの液体を吸収できるように魔法のようなアクリル酸が加えられている。そうして、赤ちゃんはおしりが濡れているように感じず、また、自分の体をぐるりと覆う人工的な層を怖がらないようにす

るのだ。昔の赤ちゃんは、布おむつであれ使い捨ておむつであれ、ハイハイを始めて歩く頃にはおむつが外れていた。おむつが濡れていると冷たく感じるからだ。今のおむつには超吸収体が添加されているため、赤ちゃんは全く不快さを感じなくなり、おむつの使用期間はかつての9〜10カ月から3〜4年にまで伸びた。こうして生まれたのが、経済的なボロ儲けと、深刻な健康リスク、そして爆発的な廃棄物量である。

　赤ちゃんは平均して1日に6〜8枚のおむつを使い、トイレトレーニングが終わるまでに6500〜1万枚のおむつを使う。ここから目もくらむような数字が出てくる。世界で一番おむつの消費量が多い米国では、赤ちゃん用に毎年推計250億枚の使い捨ておむつを使い、約350万tのごみを生み出している。なんと、大きなサッカー競技場約15杯分である。おむつは、パンパースをつくるP&Gや、ハギーズをつくるキンバリークラークといった多国籍企業にとっての大きなドル箱であり、そういった企業は「使い捨ておむつは現代的であることのシンボルです」と販売攻勢をかけている。「低所得世帯もおむつを買えるように支援しなければ」と米国の非営利団体に思い込ませてさえいる。

　米国では毎年、「おむつニーズ啓発ウィーク」活動が行われる。おむつのために1年間に使う金額は1000ドル（約11万円）に達し、最低賃金の年1万5000ドル（約165万円）で暮らしている家族にとっては法外な額になり得る。貧しい人々は、生活必需品（食料）を買うのをやめて、おむつを買うお金をひねり出していることが調査から分かっている。同時に、このような企業は市場を大幅に拡大しようと、中国やインド、インドネシアといった人口の多い国で急速に台頭してい

る中流階級層に熱い視線を送っている。

　さらに、おむつ会社は売上をもっと増やそうと、巧みな革新的戦略に投資を続けている。P&Gは最近、「スマートおむつ」の販売開始を発表して新聞の一面を飾った。このおむつは、センサーとソフトウェアとビデオを使い、赤ちゃんがいつ眠り、おしっこをし、うんちをしているかをモニターするのだ。このなんとも理解しがたいイノベーションは、おむつのリサイクルのほぼ完全な失敗と鮮やかなほど対照的である。イタリアでP&Gはジョイントベンチャーを立ち上げ、毎年8000tの使い捨ておむつを、ペットボトルのキャップや、ビスコース生地の衣類、学校用の机、都市部の遊び場にリサイクルできる工場を建設した。ニュージーランドでは、キンバリークラークがおむつをコンポストしてつくった土で造園を行いながら、回収不能なプラスチックを捨てている。

　このようなうわべを取り繕った取り組みをしても、おむつ業界がとてつもない汚染を引き起こしているという現実は変わらない。おむつ1枚分のプラスチック素材を生産するのに、約200mℓ（グラス1杯）の原油が必要である。つまり、数時間しか使われないものをつくるために、世界全体で毎年何百万バレルもの石油が使われているということだ。石油の使い道としては、ほぼ間違いなく最もナンセンスなものだろう。その後、その複雑なプラスチックの組成物は埋立地に何百年にもわたってそのまま残る一方、人間の排泄物の山は疾病の温床となる。途上国では、おむつが水田や川、海といった別の場所にたどり着くことも多く、そこでプラスチック汚染の問題を引き起こしている。

　さらに、おむつにはあらゆる種類の極秘物質が含まれている。吸水

力は高めるが、必ずしも赤ちゃんや地球の健康を増進しないようなものだ。おむつから発生する化学物質が混ざり合ったものを吸い込むことが小児喘息に関連しているとされてきた。おもちゃでは禁止されているプラスチック可塑剤であるフタル酸エステルをいまだに使っているおむつもある。こういった有毒物質はすべて環境中に漏れ出し続け、リサイクル活動に対する疑問を生んでいる。どの製造業者も、競争に勝つためにおむつの設計で使用している添加剤に関する情報を開示していないというのに、私たちは子供たちがおむつをリサイクルしてつくられた遊び場で遊んだり、学校の机を使ったりすることを望んでいるだろうか？　私たちに分かっていない化学物質に子供たちがさらされることなど、絶対にあってはならない。

　要は、「うまくいかない廃棄物政策とともに土壌の劣化が進んでいる」ということだ。レオナルド・ダビンチが承知していたように、私たちが食料として植物を収穫する時、土壌から必要不可欠な栄養素も取り出している。その後に、そうした栄養素を戻してやらなければ、土壌は消耗していってしまう。堆肥化されたバイオマスが土壌中の微生物や菌類の活動を活性化し、このような生物が栄養素を放出して植物に与える手助けをするのだ。同様に、人間の排泄物には、摂取した食べ物の栄養素がいっぱい含まれている。このような栄養素は土壌から取り出されたものであり、土壌の回復のために不可欠なものだ。母乳は、新しい生命を育むため、驚くほど栄養に富んでいる。だから、赤ちゃんのうんちには決してムダにすべきではない無類の微生物が含まれているのである。

　土壌劣化の問題を解決するためには、まず質の高い廃棄物の流れを

つくり直し、根本的な生命の循環を再構築することだ。良い知らせは、「それは既に行われつつある」ということだ。例えば、ベルリンでは数年前に、竹や麻や炭からつくった堆肥化できるおむつを若い親たちに無料（！）で配る取り組みが始まった。毎月この50ユーロ（約5900円）を下らない贈り物を受け取る見返りに、親たちは毎週使用済みおむつの入った袋を返さなければならない。このダイクルという会社は、シンプルで小さな工場を使って、回収したおむつにバイオマスと炭（バイオ炭）を混ぜて、栄養分たっぷりの黒土「テラプレタ」に変える。テラプレタの技法は、何千年も前から非常に肥えた土をつくるのに使われてきたものだ。土壌分析の結果、スカンジナビア人やインカ族などがこの伝統的な手法を使っていたことが分かっている。彼らの土地は何もしなければやせた土地だった。しかし、このやり方のおかげで極めて肥沃な土壌になったからこそ、戦争して国土を拡大することができたと言える。

　ベルリン市は、ダイクルが公園にその土を入れ、果樹を植えることを認めている。このシステムの資金の一部は、市が果樹を購入する代金で賄われている。5年ほど経ち、果樹の1本ごとに少なくとも年に50kgの果物が実り、そのまま食べたり、ジュースやジャム、ベビーフードに加工したりできる。ベルリンは過去の例に倣っているのだ。18〜19世紀のこと、プロイセン王国の王たちは、ベルリンからほど近いポツダムで、サンスーシ宮殿の周囲に広大な果樹園をつくったことで知られていた。都市のぐるりに人間の排泄物で育つ果樹を植えて"果樹ベルト"をつくることで、生命に不可欠な栄養素のループがぐるっとつながる。新しい土壌が生まれ、吸収されるCO_2が増え、ハチや

鳥が生息できるというように環境面でも嬉しいことだ。公園の果樹の
花が咲くのを楽しみ、無料の果物をとって食べられる市民にとっても
嬉しく、果樹の購入費以上にごみ収集と廃棄物管理費を節約できる市
にとっても嬉しい。まさに「ウィン・ウィン・ウィン」である。

　ダイクルの取り組みは、おむつとプラスチックの汚染にも土壌の劣
化にも対応するものだ。ダイクルは化石燃料由来のプラスチックを使
っていない。もちろんプラスチックもこの解決策の素晴らしい一翼を
担うことができる。ダイクルの堆肥化可能なおむつは、ひょっとした
らプラスチックを使うことで使い勝手をさらに良くできる可能性があ
る。そして、それによっておむつの生分解性が変わる心配はない。プ
ラスチックは、分子の長く複雑な鎖（ポリマー）からできている。プ
ラスチックの生分解性は、このポリマーがどのようにつくられるかで
決まる。基本的な原材料は、油とセルロースだ。今はその油の大部分
には、汚染を引き起こす化石燃料が使われている。しかし、プラスチ
ックは植物由来の油からもつくることができる。実のところ、私たち
が地球の深層部から汲み上げている油も、かつて植物からつくられた
ものである。

　現実には、自分たちの周りを見てみれば、自然の循環になじむポリ
マーをつくり出すチャンスがあふれるほどある。周りを見回すことさ
えすれば。問題は、私たちが自然を見る見方が非常に歪んでいること
である。近代農業は、畑に植えられた作物しか見ていない。その畑で
何か別のものが育ち始めたら、それは「雑草」と呼ばれ、化学物質で
退治される。自然のある部分を「使いようのない雑草」だと、誰が決
めたのだろうか？　そういった見方にはおかしな傲慢さがある。それ

を示すストーリーを話そう。

　地中海の周辺には何百万haもの休耕地がある。このような農地は、EUの農業政策が支持する標準化政策になじまない。農家はこの畑を使わないかもしれないが、自然界は「その場所で何が一番よく育つか」を自ら決めてきた。その土地の自然の「作物」はアザミの一種、「カルドン」であることが分かった。カルドンはアーティチョークと同じ仲間で、3mの高さまで育つことがあり、地中海周辺の推定2000万haの土地に自生している。農家は、何十年にもわたって除草剤を手にカルドンと闘ってきた。近年主に使われてきたのはグリホサートだ。これは広域除草剤であり、世界保健機関（WHO）が「ヒトに対しておそらく発がん性がある」と分類しているものだ。しかしカルドンは多年生植物なので、除草剤を撒いても撒いてもまた生えてくる。理由は簡単だ。カルドンはその場所に生えるべくして生えているからだ。その場所を最大限に活用できるのだ。消耗した土壌をまた肥沃な土地に戻すために、自然が選んだ植物なのである。

　自然からのメッセージは、「すべてのものに価値がある」というものだ。イタリアの科学者たちが気づいたように、カルドンにも価値がある。ノバモントというイタリアの企業は、エコロジー経済に全力で取り組んでおり、グリーンケミストリー（環境にやさしい化学）のための持続可能な材料を見つけようと力を入れている。ノバモントは、生分解性プラスチックの分野では指折りのパイオニアだ。サルデーニャ島がリビアからの安い石油に頼る石油化学工業が終焉を迎えて大不況に陥ったことがある。この島の経済を再開発しようという取り組みに、ノバモントも参画した。同社の最高経営責任者（CEO）を務める

カティア・バスティオリ博士は、科学者チームを率いて島の至る所に生えていたカルドンについて研究し、この植物に価値を見いだそうとした。

　科学者たちがカルドンの花や種子、茎、根の生化学的な組成を分析したところ、多くの用途があることが分かった。花には油が含まれている。この油を酸に変換すれば、農業用マルチからカプセル式コーヒーメーカーのカプセル、医療用手袋のエラストマー、さらには農薬まで、幅広い用途の主な素材をつくることができる。付け加えておくと、グリホサートでなかなか枯れないこの植物は、除草剤の原材料として使える。グリホサートを使わずに他の作物を健康的かつ持続可能な方法で守ることができるのだ。また、この油からポリマーをつくり、天然プラスチックの基礎原料をつくることもできる。最後に、この油は農業機械の潤滑油としても使うことができる。漏れると土壌を汚染してしまう合成オイルやグリースの代わりになるのだ。トラクターや収穫機、ハーベスター、裁断機、粉砕機、噴霧器、耕うん機、播種機、牧草作業機といった何百万台もの農機具には例外なく、世界に食料を供給している農地を汚染してしまう合成のオイルやグリースが使われていることを、ご存知だろうか？　そういった潤滑油が1滴でも垂れてしまうと、その部分の土にはそれから何十年にもわたって何も生えなくなってしまうのだ。

　カルドンの「発見」が提示しているのは、「本質を理解すれば無数のチャンスが拓ける」ということだ。「雑草」は生産性戦略や利益戦略には全くなじまないため、誰の目にも重要性が見えなかった。カルドンの花の白い部分には酵素バクテリアが含まれている。何世紀も前

から山羊乳のチーズをつくるのに使われてきた酵素だ。カルドンの茎はセルロースでできており、そこに含まれている糖はアルコールに換えられる。そのアルコールと先ほどの酸を使えば、ポリマーをつくるのに必要なエステルを生み出せる。根っこには、おでこのシワ取りによく効く成分が豊富に含まれる。そして、様々なプロセスの後に残ったバイオマスは、動物の飼料や良質のエネルギー源にできる。これらのすべてを与えてくれるのが、私たちが「雑草」と呼んでいる植物なのである。植えたり、施肥したり、灌漑を行ったりする必要がなく、除草剤や殺虫剤で保護する必要もない多年生植物だ。

　今日、ノバモントはサルデーニャ島でカルドンの加工を行っている。この植物の用途は非常に広いので、農家も同社も市況に合わせて生産を調整できる。市場でプラスチックの需要が高まれば、プラスチック向けに収穫し生産すればいい。市場で除草剤の需要が高まれば、収穫と生産はそちらに向ければいい。カルドン由来のプラスチックは、病院や食品加工センターで使われる使い捨てゴム手袋のエラストマーの代わりに使ったり、使い捨ておむつやコンポスト可能なおむつに防水層を加えたり、保湿ジェルのプラスチックの代わりにカルドンのポリマーを使ったりもできる。カルドンのおかげで、農家や業界は、土地にとっても自らにとっても、消費者にとっても地球にとっても、最善のものを最適化して生み出せるのだ。

　ノバモントも、カルドンのおかげでバイオプラスチック分野の世界トップになることができている。この植物は、同社が25年間の研究とイノベーションで開発した、生分解性で堆肥化できるバイオプラスチックである「マタビー」という樹脂素材の原材料の一つとなってい

る。同社の最大の貢献は、このマタビーというプラスチックが太陽の
下でも土中でも水中でも分解されることだ。土中で分解されるバイオ
プラスチックは他にもある。水中で分解されるバイオプラスチックも
ある。しかし、この3つの条件のどれであっても分解されるバイオプ
ラスチックは、ほとんどない。ノバモントのプラスチックなら、何百
年にもわたる汚染を生み出すことはなくなる。そして、ノバモントの
バイオプラスチックは、従来型のプラスチックとよく似た特性を持っ
ている。だから、汚染をもたらす化石燃料由来プラスチックの業界が
提供しているプラスチックの用途を、ほぼすべて置き換えることがで
きる。

　ノバモントとダイクルのイノベーションを組み合わせれば、世界中
の親たちは、スウェーデンから世に送り出されて以来ずっと使い慣れ
てきた非常に使い勝手の良いおむつを、これ以上の汚染を生じさせず
に使えることになる。それだけではない。使用済みおむつとそこに含
まれる貴重な内容物は、土壌の回復と養分補給の一翼を担うことがで
きる。その重要性はIPCCが訴えている通りだ。世界の農家だけが関
わる再生型の農法だけに注力するのではなく、世界中のすべての赤ち
ゃんを持つ親たちも土壌回復運動の一端を担えるようになる。人間の
排泄物の行き先をもう一度土壌に戻し、海藻養殖も加えれば（第9章
を参照）、土壌を大々的に再生させ、排出された二酸化炭素を回収す
ることができるのだ。

　もちろん、できることもすべきことも、もっともっとたくさんある。
例えばEU諸国では現在、1億t近くの有機廃棄物が発生し、その大半
が埋め立てや焼却に回されて、温室効果ガス排出の原因となっている。

使い捨ておむつは、その廃棄物のほんの一部分にすぎない。しかし、「1000分の4」イニシアティブの目標達成には、その一部分で十分かもしれない。フランスが立ち上げたこのイニシアティブでは、表層土30〜40cmの炭素貯蔵量を年率0.4％、つまり1000分の4ずつ増していけば、人間活動に関連する大気中のCO_2濃度の上昇を相殺するのに十分であり、同時に土壌の肥沃度を改善できるとしている。先述したように、もし自然の力だけに頼るとしたら、肥沃な土壌を10cm生成するのに2000年かかる。しかし、既に私たちの手中にある廃棄物を活用することで、自然に手を貸し、このプロセスを大きく加速できるのだ。

　興味深いのは、プラスチック（天然のバイオプラスチック）がこの取り組みに大きく貢献するだろうということである。バイオプラスチックや竹、麻、炭を用いることで、使い捨ておむつはすべての赤ちゃんの便利で自然で健康的な暮らしの一部になるだろう。もう一つ言うと、こういった新しいおむつができれば、現在パンパースやハギーズ用に吸収体のセルロースをつくるために伐採されている木を切らずに済むようになる。そうすれば、木々は排出される炭素を引き続き吸収し回収することができる。つまり、地球温暖化を反転させることにさらに貢献できるのだ。多国籍企業のおむつに関するイノベーションが向かうべき方向は明らかだ。正しいプラスチック素材のおむつは、汚染を止め、自然を再生させる大きなチャンスを提供してくれるのである。

第 7 章

難燃剤などの化学物質の"カクテル"を
安全な代替物へ

プラスチックは簡単に燃える。当然だ。発電時に燃やすのと同じ化石燃料からできているのだから。けれど、テレビや、ソファーのクッション、飛行機の座席、カーテン、ベッドのマットレス、子供のおもちゃが簡単に燃え出したら困る。だから、私たちが毎日使っている製品の多くは、「難燃剤」と呼ばれる化学物質の"カクテル"にどっぷりと浸かっている。

　火災を防ごうとするのはもっともな話だが、問題は、環境中に膨大な量の毒性を発生させてきたことだ。プラスチックには、柔らかくするための可塑剤や寿命を延ばすための紫外線吸収剤など、ほかの化学添加剤も含まれている。プラスチック業界は、フッ素や塩素や臭素といったハロゲン、リン酸エステル、アンモニウムやホウ素や硫黄の化合物、それから重金属の水銀やスズ、鉛、さらにはヒ素さえ使用している。これらの添加剤の多くが、「独自のセールスポイント」だとして企業秘密として認められてきた。含有量はたいてい1％未満であり、情報開示の必要がない。業界はもちろん、「使用量はごく微量だし、安全だし、時の試練も経ている」と主張する。しかしこのことが根本的に意味しているのは、「私たちは、健康リスクに関して何の知識も理解もないままに、化学物質の"カクテル"を消費している」ということだ。

　問題は、このような添加剤のほとんどが不活性であることだ。プラスチックと化学的な結びつきはないということである。プラスチックはガスを放出して分解する。その時に、こうした化学物質は容易に環境（私たちが吸い込む空気、床のほこり、私たちが飲む水）の中に移動し、そこで蓄積する。有毒化学物質は、環境中のあらゆる場所で見

つかっているあのマイクロプラスチックにも含まれている。

　有毒な難燃剤は、人間の母乳や魚から見つかることもある。こうした化学物質は劣化するようにつくられていないため、その量が激増していることが研究から分かっている。いくつかの報告書によると、有毒物質の濃度は2〜5年ごとに倍増しているという。子供の血液や組織の中の臭素化合物は、回復不能な脳損傷や運動機能障害に関連しているとされている。人間の髄液に高濃度のヒ化物が含まれると、「ルー・ゲーリック病」とも呼ばれる「筋萎縮性側索硬化症（ALS）」のような運動ニューロン疾患を引き起こすのではないかと疑われている。運動ニューロン疾患に苦しむ人の数は年々増加しているように思われる。

　それから、もう一つ危険なのは、私たちの身体がホルモンと間違えてしまう化学物質だ。「ペンタブロモジフェニルエーテル」分子の構造は、甲状腺ホルモンのサイロキシンの構造に似ている。何年か前にペンタブロモジフェニルエーテルが禁止された時、抜け目のない化学者が「ペンタ（5）」を「デカ（10）」で置き換えて、「デカブロモジフェニルエーテル」をつくった。しかし、その分子も分解時に同じような有毒な臭素ガスを放出する。

　化学に関する科学的知識を持つ議員がほとんどいない議会で健康に関する規制が定められても、役に立たない。大きな利害を有する業界のロビー団体にとって、議員たちは扱いやすい相手だ。世界全体では難燃剤の市場だけでも年に70億ドル（約7700億円）で、年率7％で成長中だ。このような巨大な利害がとんでもない結果をもたらす。アゾジカルボンアミドは、プラスチック製造での使用は厳禁とされてい

る化学物質だ。しかし、その同じ化学物質が、「安全」な濃度なら、小麦粉に使用しても構わないのだ……。そんなわけで、有毒物質は日々蓄積し続け、健康リスクは高まる一方である。

　代替物がないわけではない。自然は何千年もの間、火事の広がりを食い止めてきた。自然界では、熱とエネルギーの交換はpH値で測定される酸性とアルカリ性のバランスを保つことによって行われる。だから、うっかりして唐辛子を噛んでしまった時、ヨーグルトを食べて口の中を「さます」のだ。スウェーデンの製品開発者マッツ・ニルソンは、子供の頃に「火をいかに管理するか」を学んだ。造船所の溶接工だった祖父は、仕事中はいつも、シャツを焦がさないように注意しなければならなかった。祖父はいつも昼休みに、アップルサイダーを飲んでいた。それで、「シャツにこぼれたサイダーがそのまま乾くと、そのシミには全く焦げ目がつかない」ということに気づいた。マッツの祖父は消火の実験を始め、その研究に孫も巻き込んだ。マッツはコカ・コーラの缶を振ってそのガス（二酸化炭素）を火の上に吹きかければ火を消せることを学んだ。その実験から、「二酸化炭素をスプレーすることで、酸素を奪い、火の熱を取り除く」という、現代の消火器の基礎を学んだのだった。

　子供時代の祖父との経験に感動したマッツ・ニルソンは、大学在学中に消防士の資格を取得した。2年間消防士として働いた後、次のキャリアに移り、製品開発の担当者になった。だが何年か経って、当時のクライアントの1社だった熱エネルギーの会社から、「これまでの難燃剤とは違う、安全で、有毒物質を使わず、環境にやさしい難燃剤を開発してほしい」と依頼を受け、その新しい仕事に移った。ニルソ

ンは数学と物理学と化学、それに電子工学を学んでいたが、祖父からの消火の教えを思い出して、柑橘類の果実の研究を始めた。レモンにはヨーグルトや胃酸と同じ冷却効果があることを彼は知っていた。人間はずっとレモンを食べてきたが、レモンがマイナスの副作用を引き起こすことはない。人間が何千年も使ってきた天然の酸を使うことは、誰にも覚えられないような複雑な名前の合成化学物質で一か八かの冒険をするよりもはるかに良い考えに思われた。

　ニルソンは実験を行い、ある製品を開発した。しかし、まだ完全には満足できていない段階でほかの仕事が入ってきて、そのままになってしまった。事態が変わったのは、2003年、彼の妻がスウェーデンでの「環境にやさしい製品」コンテストに応募しようと、オリジナルの出品物がないかと探していた時のことだ。あの"自然からインスピレーションを受けた"「モルキュラー・ヒート・イーター（MHE）」を応募したところ、最終選考まで残ったのだ。その後、称賛の声が高まり、「世界に本当に変化をもたらす」アイデアのコンテスト、「BBCワールド・チャレンジ」に参加することになった。自分でも驚いたことに、ニルソンのイノベーションはこのコンテストでも最終選考まで残ったのだった。そこからはあっと言う間だった。ニルソンは改良を加えて製品を完成させ、特許を申請した。

　MHEは、実験室での試験で化学物質の難燃剤よりも優れた性能を示しており、粉末でも液状でもジェル状でもつくれる。正確な配合は企業秘密だが、ニルソンは「この製品は基本的に、柑橘類の果実とブドウと小麦粉とセルロースを混ぜたものです」と明言している。基材と酸を混ぜたものは人間の身体が難なく取り扱えるものだが、これが

熱エネルギーを吸収し、炎を消し、燃えている物を冷却する。ニルソンの考案したものは、科学的にいうと、カルボン酸と無機アルカリを組み合わせたもので、それによって持続可能な塩（制御不能な分解を始めない）が生じる。

　MHEは、プラスチックのような合成物質の処理にも使われる。ニルソンはその後、天然繊維材料の処理に使える別の難燃剤製品、「バイオ・エコ」も開発した。この製品は例えば、化学物質で環境を汚染することなく山火事の防止と消火を行うのに大成功を収めている。また、建物に噴霧すればその建物を火事から保護することもできる。

　ニルソンが行ってきた「プラスチック添加剤の代わりになる天然の製品」の研究は今のところ難燃剤だけだ。しかし彼は、「問題を引き起こす人工的な解決策の一つひとつに対して、天然の代替物がある」と確信している。例えば紫外線吸収剤は、紫外線をなるべく多く反射すべく、鉱物の粒子を含む必要がある。カルボン酸とミネラル（ナトリウム、カリウム、マグネシウム、カルシウムなど）との化学反応を起こすことで、有機塩をつくることができる。このような塩なら、有毒物質は含んでおらず、環境にやさしく、自然界で完全に分解することができる。あるいは、高山で過度の太陽光線にさらされるエーデルワイスの花からインスピレーションを得られるかもしれない。この花は、何千本もの小さな繊維で紫外線を散乱させ、太陽の光を無害化しているのだ。

　ニルソンのように自然に目を向け好奇心を持つことで、環境を汚染し人々の健康を危険にさらしている有毒化学物質のカクテルに取って代われる健康的な代替物を開発できる。代替物は、その価格も安くて

済むだろう。植物界で手に入る廃棄物からつくることができるからだ。ニルソンによると、わずか数千ドル（数十万円）の投資を1回すれば、既存の生産施設を新しい天然の難燃剤用のものに代えられるという。植物廃棄物を活用することで、天然の難燃剤業界は炭素排出量の削減にも寄与できる。

　ニルソンは、オープンソースのアプローチを提唱しており、「製造したい」とどこかの企業から申し出があれば、自らの発明を共有したいと考えている。理想的には、廃棄物の近くにある地元の生産施設だ。それなら、導入のスピードを上げることができる。地球温暖化の影響で世界中で自然の山火事が増えると思われる中、「天然の難燃剤と防火に関して起業するチャンス」への意識が高まるはずだ。と同時に、プラスチック汚染と有毒廃棄物に関する理解が深まることで、費用対効果が高く、有害物質を使わず、環境にやさしく、自然の中で完全に分解され、CO_2の回収もするようなプラスチックと添加剤の導入が加速されるかもしれない。このような「健康的」な添加剤のおかげで、前章で紹介した台頭しつつあるバイオプラスチックの品質が向上し、その使用が増えていくだろう。

第 8 章

ごみに価値を与え、
プラスチック汚染を終わらせる

こは、プラスチックごみの処理を一変させる決定的に重要なイ
　　ノベーションの場としては、「らしくない」場所だ。パリから
北へ1時間ほどの市、コンピエーニュである。コンピエーニュには、
第1次世界大戦に終止符を打つ歴史的な独仏休戦協定が結ばれた鉄道
車両がある。現在の人口は約4万人。この地にあるコンピエーニュ工
科大学で1980年代に化学の博士号を取得した2人の学生が、廃棄物
の処理法に革命を起こしている。私たちはプラスチックごみから価値
を生むための革新的な方法を探し求めて、2016年に彼らのもとを訪
れた。

　彼ら2人は、1989年に、食品業界に食品の熱処理プロセスを提供
する会社を共同設立した。食品の乾燥、殺菌、ロースト、調理を行う
機械を開発したのだ。10年ほど経つと、彼らはその環境負荷につい
て自問するようになった。彼らが食品業界に提供していた熱処理プロ
セスからは、常に「残り物」、つまり廃棄物が生じていたのである。
エンジニアである彼らは、廃棄物には発熱量があることを知っていた。
分子に隠れたエネルギーがあるのだ。例えば、プラスチックは石油か
らつくられる。環境的な視点からすると、そのエネルギーを使わない
のはもったいない。彼らは、サーキュラーエコノミー（廃棄物ゼロの
経済）をミッションにすることに決め、自分たちの企業グループの提
供するサービスに新しいものを追加した。工業的な食品プロセスの廃
棄物をエネルギー（オイルまたはガス）に変換する手法を提供するよ
うになったのだ。

　この新しいミッションからすぐに、「パイロリシス（熱分解）」と呼
ばれるよく知られた化学プロセスに行き着いた。この言葉は古代ギリ

シャ語が語源で、「パイロ（pyro）」は火、「リシス（lysis）」は分解という意味だ。熱分解とは、酸素がない環境下で物質が熱によって分解し、新しい分子となるプロセスを指す。酸素がないためその物質は燃焼せず、加熱用に燃料を燃やすところ以外では温室効果ガスは出ない。このプロセスは古代にも使われていた。木を炭にするためだ。今日では、木質バイオマスや自動車のタイヤ、プラスチック、下水汚泥、その他多くのものが、熱分解によって、オイルやガス、それから固形のバイオ炭（土壌改良に使われる炭）に変換されている。

　熱分解の問題は、投入する廃棄物によって、つくり出されるエネルギーの質や一貫性が大きく変わってしまうことだ。一定のアウトプットを生み出すためには、プロセスの温度制御が不可欠である。さらに、例えばプラスチックは、熱分解装置内で糊のようなものになってしまう。その糊を品質の一貫したオイルにするのは難しい。だから、まずプラスチックをきれいにする必要がある。空っぽの容器からケチャップやヨーグルトを取り除かなければならない。この「糊」問題は、熱分解がバッチ式で行われる理由でもある。1回の処理が終わるごとに装置を洗浄できるようにしているのだ。このような難点があるため一貫した連続工程でふぞろいの汚れたプラスチックごみを処理するには、熱分解は完璧な解決策とはいえない。しかし、プラスチック汚染とはまさにそのようなものなのだ。「汚いごちゃ混ぜ」なのだ。

　彼らは熱分解プロセスを研究し、画期的な開発をした。スクリュー型のコンベヤーベルトをつくり、廃棄物を連続的に装置の中へと送れるようにしたのだ。この解決策は、いくつかの問題を解決した。それまではいつも残渣を取り除かなければならず、残渣が装置を損傷する

ことも時折あったのだが、その残渣が出なくなった。温度の制御もはるかに簡単になった。廃棄物を次々と装置に投入できるようになったので、エネルギーのアウトプットが常時生み出せるようになった。

　最後に、この技術によって装置内の熱を簡単に高められるようになった。そのおかげで、廃棄物の分子をオイルではなく「合成ガス」と呼ばれる工業用の混合ガスに分解できるようになった。合成ガスにはメタン、一酸化炭素、二酸化炭素、水素が含まれる。ガス分子はたやすくケチャップなどから分離されるため、処理前にプラスチックを洗浄する必要もなくなり、水や労働力、時間を減らせるようになった。この技術は、この16年間に世界中で約150カ所の装置に実装され、実用化されてきた。それでも、彼らの「スクリュー」が世界最大の難題の一つ、プラスチック汚染の解決に向けてどんな可能性を持っているかに目を向ける人はまだ誰もいなかった。

　マルコ・シメオーニが2015年にリオデジャネイロで、「あ、そうか！　プラスチック問題へのソリューションは、プラスチックごみに価値を与えることだ」と気づいた後、私たちはすぐに「プラスチックごみをエネルギーに換えることが、唯一の実行可能なアプローチだ」という結論に至った。あらゆるプラスチックには秘密の有毒化学物質の"カクテル"が含まれており、分子を再利用するならその前にこれを取り除くべきことを忘れてはならない。そのため、第3章で述べたように、現在のプラスチック製造方法を前提にすると、残念ながらリサイクルはまだ現実的な選択肢ではないのだ。

　熱分解は、確かにエネルギーを大量に消費するプロセスではあるが、実行可能な唯一の「戦時下の外科手術」のようなものだ、と私たちは

気づいた。そこで、世界中でこの工業プロセスを提供できる企業を調べ始めた。500社ほどが見つかった。そのほぼすべては、廃棄物をバイオ炭とオイルに変えることを専門にしている企業だ。それでは物足りなかった。それだと、プロセス前にすべてのプラスチックから食べ残しなどをきれいに落とさなければならないからだ。きれいにしようとすれば、プラスチック汚染の80％が発生している途上国で、基本インフラがもう一段複雑になってしまう。

　私たちが求めていたのは、プラスチックごみをオイルではなくガスに換えることができ、プラスチックの洗浄を必要としないプロセスを有している企業だった。つくり出されたガスは、直接販売して、調理をしたり熱源にしたり、あるいはタービンを回して発電するために用いることができる。調べて分かったのだが、この「高温」（800℃）の熱分解プロセスを提供できる企業は、世界にたった10社しかなかった。その中に、素晴らしいイノベーションで連続工程を提供できる企業が1社だけあった。大量の廃棄物のクリーンアップを行いたかったら、連続工程は不可欠な条件である。こうして、私たちはコンピエーニュの彼らにたどり着いた。

　次の難題は、簡単に世界中に海上輸送で持っていけるような小規模な工場をつくることだった。プラスチックごみの裁断、熱分解によるガスへの変換、最後にそのガスの燃焼による発電が一体となっている工場だ。私たちにとって、「プラスチック汚染はグローバルな大問題だが、それが解決できるのはローカルで小規模な解決策しかない」ことは明らかだ。プラスチックごみの処理は、その汚染に苦しむ地域で、その地域を支援するような形で行わなければならない。私たちの要望

を受けて、彼らはコンテナ8個に収まるような装置を開発した。その装置は、それぞれの地域で1000m²の区画に4～6週間で設置できる。この装置は年間1500～4500tのプラスチックごみを処理できる。途上国では少なくとも5万人分のプラスチック消費量に相当する量だ。ごみは熱分解でエネルギーに変換され、最大3万人に必要なエネルギーを供給できる。

この装置は高度なフィルタリングシステムを有しており、危険な添加剤を含有するプラスチックを熱する工程から放出される有毒ガスをすべて回収する。このことは、より低温（450℃）でプラスチックごみを熱分解してオイルを生成する方法に比べて、私たちのアプローチの持つ大きな利点である。このような低い温度だと、有毒物質はすべてオイルの中に残り、そのオイルを燃やすには高価な高性能フィルターが必要となる。この装置による生成物は、合成ガスが68％と、オイルが30％である。これらの燃料をそのまま使って、調理をしたり熱源にしたり、輸送に使ったりできる。また、発電機の燃料にすれば発電もできる。残りの2％は固形廃棄物の炭だ。これは、固形燃料として、バイオ炭として、あるいはコンクリートの目地材として使うことができる。

私たちは、アジアで集中的なキャンペーンをすることに決めた。最終的に海に入るプラスチックの80％がアジアで発生しているからだ。2016年に海洋投棄されたプラスチックは、推定約1200万t。その80％は1000万t近くになる。この廃棄物のすべてをストップするには、今後10年間にアジアで3400台の装置が必要という計算だ。その過程で、何百万人分ものクリーンエネルギーを生むことになるだろう。

　この技術ならうまくいく。汚染の計算と廃棄物処理の計算がぴった
り合う。ただ、私たちにとっての最大の難題は、持続可能でかつ利益
を出せる方法で、プラスチックごみを収集し、エネルギーを生産でき
るビジネスモデルを開発することだった。それができればこの取り組
みはきっと長く続くだろう。この点については、第10章でさらに詳
しく述べよう。

　ブラジルでマルコ・シメオーニに「その缶をもらえないか」と言っ
たアルミ缶拾いをしていた人は、世界中にいる「ウェイスト・ピッカ
ー（ごみを拾い集めて生計を立てている人々）」の1人だった。途上
国におけるこの非公式セクターの規模を見極めるのはほとんど不可能
だ。南アフリカでは「バハレジ」と呼ばれ、ブラジルでは「カタドレ
ス」、スペイン語圏では「レシクラドレス」または「カルトネロス」
だ。世界銀行が行った調査では、「世界の都市人口の1〜2％が、ごみ
の中からリサイクルできるものを拾い集めることで命をつないでいる」
という推計だった。これはつまり、誰かが捨てたものを集めて売ると
いう、「常時人を雇っている」一つの産業で、何百万人もの人々が生
計を立てているということだ。インドだけでも、150万人ものウェイ
スト・ピッカーがいると推定されている。

　最近行われた調査によると、カイロ（エジプト）、クルージュナポ
カ（ルーマニア）、リマ（ペルー）、ルサカ（ザンビア）、プネ（イン
ド）、ケソン市（フィリピン）という6都市で、7万3000人が年間300
万tのリサイクルを担っていることが分かった。ごみ収集を行ってい
るのはウェイスト・ピッカーしかおらず、この人たちのおかげで非常
に高いリサイクル率が達成されているという国もある。例えばブラジ

ルでは、アルミの92％近く、段ボールの80％がリサイクルされている。アルゼンチンの首都ブエノスアイレスでは、市の「ごみゼロ」の目標達成に向けて、この地のウェイスト・ピッカー、カルトネロスたちが順調に作業を進めている。

2008年に「第1回ウェイスト・ピッカー世界会議」が開催された。こういう会議が開催されること自体がこの非公式セクターの重要性を裏づける。グローバル化が進んでいる世界では、廃棄物は急拡大中の問題であるとともにチャンスだ、ということだ。今のところ、ウェイスト・ピッカーがリサイクルしているのは、アルミと紙とスチールがほとんどである。これまではペットボトルと高密度ポリエチレン（HDPE）容器以外のプラスチックには全く価値がないため、リサイクルされていない。

私たちは手始めに、ペルーのアマゾン地域にある都市、イキトスで試してみた。ウェイスト・ピッカーたちに、「ペットボトルを集めてきたらkg当たり0.10ドル（約11円）、どんなプラスチックでもkg当たり0.20ドル（約22円）払うよ」と伝えたのだ。彼らは1日に1人当たり60kgほどのプラスチックを集めてきた。1人当たり12ドル（約1300円）だ。現地の平均日給の3倍近くになる。この実験から、正しいインセンティブが与えられればプラスチックはうまく収集できることがよく分かった。

さらに、非公式の「ごみ収集センター」は、うまく組織されている。ウェイスト・ピッカーは「スクラップ・ディーラー」にごみを持っていき、ディーラーが集まったごみを関連産業に売る仕組みになっているのだ。つまり、プラスチックを集めようと思ったら、これまでの

「収集物一覧」にもう1項目を追加するだけでよい。新しいインフラを構築する必要は全くない。

　この非公式セクターのやり方は非常に効率が良い。例えば、ダノン、ネスレ、コカ・コーラといった多国籍食品企業は、インドネシアでのペットボトルリサイクルを支援している。しかし、きれいなボトルしか町の収集者たちから買い取らない。だから、ペットボトルはすべてきれいな状態で運び込まれる。レース・フォー・ウォーターのやり方なら、このようにきっちりやる必要がない。コンピエーニュの装置は、どれだけ汚いプラスチックでもすべて処理できるからだ。しかし、この例から分かる大事なことは、プラスチック汚染と闘う準備の整った「部隊」がこの世界にある、ということである。

　ごみ収集の成否を決めるのは、第1に値段だ。ウェイスト・ピッカーが受け取るkg当たり価格の平均は、アルミが0.35ドル（約38円）、スチールは0.12ドル（約13円）、紙は0.10ドル（約11円）だ。ペルーでの実験で、あらゆるプラスチックごみにkg当たり0.20ドル（約22円）を払った結果は、非常に良いものだった。しかし、ビジネスモデルが持続可能な形で回るのは、アウトプット、つまりエネルギーに対して適正な価格が設定されている場合だけだ。もしそのエネルギーをガスや燃料や電力に対して競争力のある価格で販売できなければ、プラスチックごみの収集は理にかなわない。私たちの計算と予測では、ウェイスト・ピッカーに払う価格をプラスチック1kg当たり0.15ドル（約16円）に設定すれば、ビジネスモデルとしてうまく回せる。この価格は、イキトスで試したものよりも低いものの、スチールや紙の引き取り価格よりは高い（アルミだけはちょっと別だ）。それから、ウ

ェイスト・ピッカーが1日当たりに収集するプラスチック量の期待値
も下げた。ペルーでのテストケースでは、1日60kgだった。私たちの
計算では、1人のウェイスト・ピッカーは平均して1日に25kgのプラ
スチックを収集するとしている。年間260日収集活動に従事すれば、
年に1人当たり6.5tのプラスチックを集めてきてくれることになる。

　この事業の経済的なインパクトは驚異的なものになるだろう。今日
アジアではいまだに海洋に捨てられているプラスチックごみが1年間
に約1000万tに上る。このプラスチックごみを収集しようとしたら、
150万人のウェイスト・ピッカーが必要だ。その年間所得を合計する
と約15億ドル（約1600億円）になる。これほどの収入増があれば、
途上国の最貧地域の暮らしを改善し、社会・経済の開発に弾みをつけ
ることができよう。人々を貧困から救い出せるのだ。

　プラスチックが「有害な添加剤を含み、いったんくっ付けたらまた
バラバラにできず、土に還すための信頼できる方法が全くない」とい
う状態である限り、プラスチック汚染と闘うための最善の解決策は、
「プラスチックをエネルギーに換えること」である。ほかの取り組み
でも同じアプローチが採られていることを見ても、この技術が受け入
れられていることが分かる。マサチューセッツ工科大学（MIT）の卒
業生たちの取り組み「リニューロジー」もそうだ。彼らは、米国のユ
タ州ソルトレークシティーにプラスチックを熱分解してオイルを生成
する工場を建設した。コロンビア大学地球研究所の試算によると、
2011年に埋め立て処分されたプラスチックは約3000万t。ここから
年間900万台分の自動車用燃料をつくれるという。

　「ガス化」は、少々異なる工程でプラスチックごみに価値を付加す

る。空気や蒸気で廃棄物を熱するこの工程では、少しばかりの酸素を使うが、燃焼が始まるほどではない。ガス化のデメリットは、プラスチックごみを事前にきれいにしなければならないことだ。また、この工程ではプラスチックに使われている添加剤から危険な有毒物質が放出される。たいていの場合、ポリ塩化ビニルはガス化できない。さらにガス化には多額の投資を要する大規模工場が必要だ。結果として、地元社会のニーズとはほとんど連動しない集約型の生産が中心となる。英国ではパワーハウス・エナジーとウェイスト・トゥ・トリシティが、プラスチックごみから水素を生成するガス化工場を建設中で、プラスチック汚染を除去するために、東南アジアにいくつかの工場を展開することを計画している。

　こうした取り組みが行われているにもかかわらず、「熱分解とガス化はエネルギー集約型の工程だから、材料としての効率性は疑わしい」という批判がある。経済効率がエネルギー価格と密接に関係しているというのは事実である。例えば、エネルギー価格は平均的には西洋のほうがはるかに低い。そのような価格では、コンピエーニュの装置を用いる私たちのアプローチは、発電では真っ向から勝負できないだろう。しかし私たちレース・フォー・ウォーターの解決策は、単にエネルギーを生産するだけでなく、環境もクリーンアップするということを忘れてもらっては困る！　プラスチックごみを熱分解してエネルギーを生み出すことは、途上国では多くの場合、競争力を有している。私たちのビジネスモデルは、海洋プラスチック汚染を自然の力を利用して除去したり、貴重な海洋環境を再生したりすることに弾みをつけるもう一つの技術と組み合わせると、はるかに力を増す。そのもう1

つの技術を次章で紹介する。

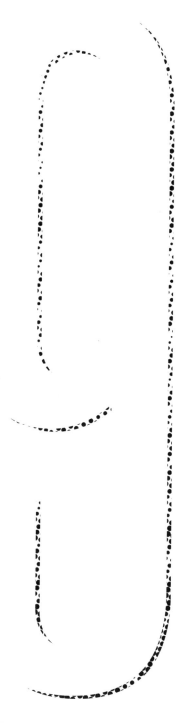

第 9 章

自然界の海藻を活用する

この200年間、人類は地球上の生命基盤そのものを揺るがす旅を続けてきた。恐竜は、宇宙空間から降ってきた小惑星のせいで絶滅に追いやられた。人類は、そのような外からの力を受けずに、自らの未来を破壊する可能性がある。人類による破壊と劣化が至る所で起きている一方で、自然界はそれを再生させる力がある。実のところ、もし人類が今日絶滅して、今から1000年後に銀河からの来訪者が地球にやって来たとしたら、その時には人類がもたらした破壊の痕跡は驚くほどわずかしか残っていないだろう。

　石油精製所を訪れ、何十年も汚染されてきた土のサンプルを取れば、その汚染を既に浄化しつつある生物が見つかるだろう。汚染が続く中では、このようなバクテリアの集団は小さすぎて環境を浄化できていない。しかし、数百年も放っておけば、バクテリアたちはちゃんと仕事をし、過去に何がその土地に起こったのかを宇宙空間からの来訪者が突き止めるのは難しくなっているだろう。

　石油が流出して汚染された海やビーチをバクテリアがきれいにしてくれることを、私たちは知っている。発生時には「これでもうおしまいだ」と思えるほどの汚染であっても、ほんの数年後には当初の汚染の痕跡も見つけられないほどだ。ブラジルの無謀な新大統領がアマゾンから切り出す木を増やすと決めたら、私たちは「これで自然の遺産が永遠に失われてしまう」と思う。が、必ずしもそうなるとは限らない。

　1967年、コロンビア東部のサバンナで、コロンビア人活動家パオロ・ルガリが「ラス・ガビオタス」と呼ばれる実験的な村を始めた。この地では、250年前に「コンキスタドール」と呼ばれるスペイン人

征服者たちが、残っていた木々を1本残らず伐採してしまった（初期
の環境テロリスト集団と言えよう）。以来、ここで何かが育つとは誰
にも思えなかった。しかしラス・ガビオタスでは、1種類の木を900
万本ほど、8000haの土地に植えたおかげで、50年経った今ではこの
地は新しく生まれた熱帯雨林の真ん中にある。プロジェクトを開始し
た時、この荒廃した土地には20種ほどの生き物しかいなかったが、
今では250種を数えている。アマゾンの多くの場所と同じくらいの数
だ。そして、その数は増え続けている。ルガリがほんの少し手を貸し
たことに、自然界がしっかりと反応し、熱帯雨林を蘇らせることがで
きたのだ。

　情熱に燃える活動家たちが、海洋プラスチック汚染のクリーンアッ
プを行おうと、巧みな工学的な構造物や技術を設計してきた。だが、
これまでのところ、ほとんど成功していない。海は広すぎ、自然の力
は強力すぎ、汚染は広がりすぎているのだ。しかし、人間にはできな
いことが自然界にはできる。実際、自然界は既にそれを可能にしつつ
あるのだ。

　私たちが海洋プラスチック汚染の新しい解決策を見つけたのは、偶
然だった。ここ10年ほど、科学者や起業家は、食料やエネルギー源
として海藻（コンブ）の養殖の研究に力を入れるようになっている。
海藻には何千もの品種がある。重力の影響を受けない海藻は、1日に
なんと50cmも生長できる。私たちの祖先は何百年も前から、食料と
肥料にするため海藻を養殖してきた。海藻には、ナトリウム、リン、
ヨウ素、カリウムといった生命に不可欠な土壌養分のすべてに加え、
ありとあらゆる微量元素も含まれている。

研究によると、中国では紀元前2700年から海藻が使われてきたという。紀元前300年にはチ・ハンが海藻に関する本を書いている。ギリシャ人とローマ人は海藻を薬として、また家畜の飼料として使っていた。しかし、1970年代に化石燃料由来の化学肥料が登場すると、海藻の収穫はほとんど行われなくなった。海藻が人間と家畜の日常的な食べ物の一つとして残ったのは極東地域だけだ。しかし、現在消費されているのは、収穫される海藻のせいぜい20%である。残りは利用されず、海に戻されている。

　近年、新しい海藻パイオニアたちがコンブ養殖の実験を行ってきた。1ha当たり1000tに及ぶ収量を達成し、海藻の極めて高い生産性を裏づけている場所もある。しかし驚いたことに、似たような環境下の別の場所では、それほど豊かな収穫ができなかった。科学者が実験室で海藻の分析を行った結果、厄介な事実に気づいた。海藻の小さな孔に極小のプラスチックが入り込み、生長を阻害していたのだ。

　それは、最初に分かった時には良くないニュースだった。海藻の生長が遅ければ、生産できるバイオガスと肥料の量が減り、新しいビジネスモデルが成り立たなくなってしまうと思われたからだ。しかしその後、「いや、非常に前途有望なチャンスに偶然出くわしたのだ」と気づいた。これでマイクロプラスチックの回収システムが設計できると気づいたのだ。ほんの少し手を貸せば、自然界はいつも行っている「回復と再生」ができるようになる。しかも人間の技術で行うよりも、うまくやってのけるのだ。「海藻カーテン」を植えれば、それがマイクロプラスチックを回収するだろうことが分かっている。刈り取った海藻からマイクロプラスチックを回収できることも既に確認済みだ。

マイクロプラスチックを回収した後の海藻は、これまでと同様、食料
やバイオガス、肥料などとして使うことができる。そして、前章で説
明したように、マイクロプラスチックは熱分解によってエネルギーに
換えることができる。

　海をきれいにするビジネスモデルは発展途上である。重量のある人
工構造物と人間の技術で海をきれいにしようという費用のかさむ方法
では、収益は全く生まれない。他方、海藻は海のクリーンアップを行
うとともにいくつもの便益を生み出す。このビジネスモデルを理解す
るには、海藻についてもう少し学ぶ必要がある。今日の経済で、私た
ちは「外部化されたコスト」という概念になじんできた。これは、産
業活動のために社会や自然が支払う費用のことだ。外部化されたコス
トの一例は、鉱物を採掘し、その後クリーンアップが行われずに生じ
る環境破壊。あるいは、化石燃料の燃焼の結果生じる大気汚染もそう
だ。一方、海藻の生産は、多くの「外部化された便益」をもたらす。
ここのところをじっくり読んでほしい。このエネルギーと食料のビジ
ネスモデルは、外部コストではなく、海のクリーンアップに着手しつ
つ、「外部便益」を生み出すのだ。

　オランダの「ザ・シーウィード・カンパニー」が最近アイルランド
沖で行った試験で、6カ月間の生産サイクルを2回行うことで、1ha当
たりの海藻生産量は年に200tを下らないことが実証されている。こ
の200tのバイオマスから、年に4万m^3のガスが生産できる。つまり、
1年365日で1日当たり100m^3だ。これに対し、米国のシェールガス田
で操業している石油会社は、毎時6000m^3、年間約5000万m^3のガス
が得られれば満足する。しかし、そのガス田ではわずか3〜5年ほど

しかガスを生産できないのだ。ガス井が枯渇し、自然は破壊されたまま残ることになる。たった1300ha、つまり13km²の面積の海藻があれば、そのシェールガス田の生産を置き換えられる。海藻の生産性はその5倍に達することを示す試験結果もあり、そうなるとその説得力は劇的に高まることになろう。分かりやすさと透明性のために、私たちは過大な期待をさせない控えめな数字を用いることにする。

　化石燃料の供給は、遅かれ早かれ終わりを迎えるだろう。しかし、海藻のガスは永遠に採取できる。今日の投資がずっと維持されれば、永遠のリターンを生むのだ……太陽が輝き、海に水がある限りは。海藻のガスは、真にクリーンで再生可能な資源である。海藻からつくり出すバイオガスの潜在可能性は膨大だ。米国の1年間のエネルギー需要をすべて賄おうと思えば、海に330万km²の海藻養殖場があればよい。それは広大な面積に聞こえるかもしれないが、米国で農家が耕作している土地は370万km²である。

　海藻の生産性がなぜこれほど高いかというと、海での養殖が3次元（3D）の環境で行われるからだ。海藻には約1万2000の変種があり、水深3～25mの場所で育つ。その違いから、生産性も様々だ。海藻はすべて重力の影響を受けずに育つため、太陽エネルギーを変換する量もスピードも、陸上の2次元の環境下での栽培では不可能なほど大きい。加えて、水は密度が空気の784倍もあり、多様な栄養素を供給する。海での3D養殖の生産性の高さは、陸上で遺伝子組み換え生物や肥料と農薬の化学物質の"カクテル"を駆使して食料やエネルギーを生産する最先端の方法でも到底手が届かないレベルだ。

　収穫した海藻は洗えば、その外側に詰まっているマイクロプラスチ

ックを除去できる。その後、海藻バイオマスの処理が行われる。加水
分解と呼ばれるプロセスで、すべての細胞が破壊され、水素と反応し
始める。このプロセスでもさらに、マイクロプラスチックが分離でき
る。こうして、海藻バイオマスを酸素のない条件下で嫌気性発酵をさ
せ効率的に大量のメタンを生成することができる。ダイジェスター
（消化槽）の中で海藻を発酵させてバイオガスを生成することは、例
えばトウモロコシやサトウキビからエタノールを製造するなどの大き
な資本を必要とする化学プロセスに比べれば、単純なプロセスである。
消化の前に海藻の前処理を行うことで、バイオマスからメタン（CH_4）
への変換効率が上がり、滞留期間は9日間ほどに短縮できる。これに
より、海洋バイオマスの効率はほかの原料の50倍は高くなる。油井
やガス田を見つけるためにはドリルで岩盤に穴を開けなくてはならな
いが、それに比べると、重力のない3D環境でのプロセスはまさに、
既存の技術を根本から覆してしまうぐらい破壊的なほど革命的なもの
である。

　「海藻をバイオガスの原料に使うべきだ」という主張が大きな説得
力を持つ要因がもう一つある。インフラである。ほとんどの国には既
に天然ガスパイプラインやガスボンベの流通インフラがある。つまり、
海藻由来のバイオガスへの移行には大規模なインフラ投資は必要ない、
ということだ。中身のガスが違うだけなのだから、ガスのパイプやボ
ンベは従来と同じものを使えばいい。だから、急拡大中の風力やソー
ラーと比べても、海藻は非常に魅力的な電力源となる。なぜなら、風
力やソーラーといったクリーンな再生可能エネルギーであっても、か
なりの投資を必要とするからだ。大型風力タービン1基を建てようと

思えば、900tの鉄鋼と2500tのコンクリート、それから45tのプラスチック（！）が必要だ。

　海藻由来のバイオガスで唯一考えなくてはならないのは、ガスのスペック調整である。専門家たちは、「海藻バイオガスは腐食性の硫化水素（H₂S）ガスが含まれているので注意すべきだ」と言っている。このガスは、パイプラインを損傷させる可能性があるため、除去しなければならない。この問題を解決するのは簡単だ。海藻の消化プロセスに硫黄を好むバクテリアを入れてやればよい。さらに言えば、フラッキングで採取するシェールガスだって、パイプラインに適合するよう同様の調整が必要なのだ。

　海藻養殖場は環境にも良い影響をもたらす。例えば、米国人漁師ブレン・スミスは、米国で初めての商用の3D海面養殖場のビジネスを始めた。著書『魚のように食べる――漁師から海を回復させる養殖業者になった私の冒険』（仮邦題）の中で、スミスは「海中の熱帯雨林」が陸上の植物の5倍もの炭素を吸収すると説明している。彼は自らを「気候を守る養殖者」だと考えている。養殖を始めて10年、ニューヨーク州ロングアイランド沿岸のかつては不毛な海洋区に、今では豊かな生態系が広がっている。いくつかの賞も受賞しているこの養殖システムには、150種の生き物が隠れ家や餌場、すみかを求めて集まってきている。さらに、海藻養殖場は高潮に対して保護壁のように機能し、嵐が沿岸地域に及ぼす影響を弱めている。スミスの養殖場のように、海の生態系が再生される間に有益な副次効果が積み重なり、新たな収益源が生まれ、ビジネスモデルがより強固なものになっていくのである。

　海藻バイオマスから消化ガスを生成した後、もとの重量の約3%は固形残渣として残る。この副産物はリンが豊富に含まれた理想的な肥料となる。現在、良質の窒素肥料を求めて100万年前の鳥類の糞の堆積物を掘り出す事業があるが、これは環境汚染をまき散らす。海藻バイオマスを活用することで、こうした事業を縮小し、止めることができるだろう。海藻バイオマスは、家畜飼料の主原料にもなる。これまでは飼料に大豆を使い、増加する肉消費を賄うために広大な農地に大豆プランテーションを展開して土壌を枯渇させてきたが、海藻バイオマスはそれに取って代わることができるのだ。

　畜産業は、運輸業界と同じくらい温室効果ガスを排出する。その40%近くが飼料の消化中に発生する。牛もヤギも羊もゲップをし、温室効果の高いメタンガスを排出する。研究から、家畜飼料に少量の海藻を加えるとメタン発生量が60%近く減ることが分かっている。

　海藻の生産は、ほかの儲かる事業活動のためにも活用できる。世界中の加工食品や冷凍食品のほぼすべてに、海藻からの抽出物が含まれている。柔らかさと食感を維持するためだ。寒天やカラギナンといった海藻抽出物は、歯磨き粉やアイスクリーム、化粧用クリーム、ローションといった商品の重要な原材料になる。

　海藻養殖によって、繊維産業に繊維を提供することもできる。1940年代に英国の科学者たちは既に、海藻からつくる繊維は無毒で刺激性が少ないため、傷の処置用の生分解性の織物に使えることを見いだしていた。海藻由来のガーゼには抗炎症効果もあり、ある程度の保湿力によって傷の治癒をサポートする。2000年代の初めから、先進技術により、海藻繊維が主にニットや下着、スポーツウェアといっ

た衣服の生産に導入されてきた。技術改良が進むにつれ、水資源を枯渇させ、有毒物質で水を汚染する綿に代わるものとして、海藻の衣類やタオルがどんどん登場している。注目していただきたいことがある。海藻養殖には水が必要ではない、ということだ。実際には、海藻の重量のほとんどを占めている水は淡水なので、海藻養殖は副産物として淡水を生み出し、液肥という形で灌漑に使うことができる。

　海藻織物技術のパイオニアは、オーストリアのランディングという欧州企業だった。しかし現在、この新産業をリードしているのは中国で、海藻由来の繊維から何百万枚ものタオルを生産している。近年ではメキシコの発明家が、リサイクルしたペットボトルに海藻を加え、靴を生産することに成功した。カリブ海のあちこちでビーチやサンゴ礁の脅威となっているホンダワラ属の海藻を使って、靴底をつくっている。

　海藻養殖が一番の大転換をもたらすのは、環境への貢献である。フラッキングも化石燃料の探査も、環境を劣化させる。自然を破壊する活動だ。しかし、海藻養殖は自然を再生させる。アルカリ性が非常に強く、海洋の臨界pH値を8.2で維持し、8.1以下に下がるのを防ぐ一助となっている。8.1を下回ると、サンゴ礁が破壊され、貝殻が形成できなくなるのだ。近年底引き網漁などによって海底の生き物が根こそぎ失われており、海の生物多様性を再生することが喫緊に必要となっている。海藻は他の海洋生物のゆりかごのような存在なので、海藻がたくさん増えたら、海綿動物と貝類が生息するようになり、魚も捕食者から身を守れそうなこの海域にやって来る。カキやムール貝、その他甲殻類の養殖に適した状態にもなる。海洋環境が再生されれば、

乱獲のせいで枯渇している魚類の資源も回復する。そして海洋の3D生態系の素晴らしい点は、灌漑や肥料や農薬といったものを何も投入する必要がないことだ。生き物は自力で食べていけるからだ。

　魚介類は私たちの健康にとってどれほど重要かも研究から分かっている。藻類に含まれるオメガ3脂肪酸は、脳や心臓の健康と関連があることが多くの調査で示されている。私たちは、藻類を直接摂取することもできるし、海藻を餌にする魚、特にアンチョビーやニシンを通して摂取することもできる。最近、中国の製薬会社がアルツハイマー病の治療薬として、海藻由来の新薬を発表した。中国の科学者が、いつも海藻を食べている人々のアルツハイマー病の罹患率が相対的に低いことに気づいたのだった。試験では、この薬はアルツハイマー病の人々の認知機能をわずか4週間で改善することが分かり、認知障害を治療できる可能性がある薬として17年ぶりに出された新薬になった。このイノベーションからも、海藻に関連する事業に膨大な可能性があることが分かる。

　海藻は、収益が得られる持続可能な産業を多数生み出し、そのすべてが生態系の範囲内で稼働する。海藻養殖は、従来の化石燃料エネルギーの論理にとらわれている経済の主要部門を設計し直すことになるだろう。その上、海藻は二酸化炭素を隔離する。種類によっては陸上植物の5倍のCO_2を吸収するものもある。これまでの電力源だと平均して1kWh当たり500g以上の炭素を出すが、海藻を使った発電ではわずか11gだ。

　海藻養殖にこれほど広範囲にわたる、これだけの説得力のある利点があることを思えば、革新的な海藻プロジェクトが世界中で始まって

いると聞いてもびっくりしないだろう。インドネシアは、100％海藻による100MWの発電所を設計している。ベルギーは、沿岸域を気候変動から守る新たな取り組みの一環として、海藻養殖を検討中である。米国政府は近年、「トウモロコシからエタノールを生産する補助金100万ドル（約1億1000万円）の事業は失敗に終わった」という結論を出した上で、バイオガス生産用の海藻養殖を奨励する一連の契約を決めた。2019年に大阪で開催されたG20サミットで、日本は世界の先頭に立って、プラスチックごみとそれに伴う環境汚染に立ち向かうことを約束した。日本の環境省は、この約束の一環として、海藻カーテンによる海洋クリーンアップというアプローチの発見を喜んでいる。

　これまでのところでも海藻のストーリーは十分に前途有望なものだが、この大きな将来性にプラスして、海洋プラスチックごみのクリーンアップを始めるチャンスも到来している。私たちは、水深25mまでの浅い沿岸域に海藻の「カーテン」を設置する最初の試験を行っている。「カーテン」の幅は80m、深さは4m。マイクロプラスチックが岸に到達するのを阻むよう、4列に設置している。試験では、海岸と3列目のカーテンの間の海にはプラスチックがほとんどなかった。目指しているのは、「マイクロプラスチック・フリーゾーン（MPFZ）」を設けることにより、クリーンアップの取り組みを始めることだ。脆弱な海岸線のぐるりにMPFZを設けて、小魚や軟体動物、カキ、ムール貝がマイクロプラスチックを摂取するのを防ぎ、マイクロプラスチックが食物連鎖に入り込むのを止める。もちろん、このようなMPFZをつくるには、陸地から海洋に入り込む新たなプラスチック汚染をゼロにすることが不可欠だ。だからこそ、海藻カーテンは、第8章で説

明したプラごみ回収システムと並行してつくる必要がある。

　この新しいビジネスモデルでは、段階ごとに追加の収入が生まれる。MPFZを設けると、例えばマイクロプラスチックフリー（！）のカキやムール貝といった貝類をプレミアム価格で販売するという可能性が生まれる。それから、「マイクロプラスチックフリーの海で泳げる」という付加価値を売り文句にする観光はどうだろうか。

　海藻カーテンを収穫したら、ダイジェスターに入れて温水で洗う。その工程で分離したマイクロプラスチックはその後、熱分解でエネルギーにできる（次章を参照）。密生した海藻カーテンで回収できるマイクロプラスチックは、6カ月ごとに1ha当たり約100億個、5kgに達すると推定されている。海洋プラスチック汚染の量を念頭にこの数字を見ると、「私たちの行く手に横たわっている難題が、いかにとてつもないものか」が分かる。

　私たちは今後10年間に、120億ドル（約1兆3000億円）の投資で、脆弱な沿岸域の周囲に1200km^{2}にわたって海藻カーテンを設置したいと思い描いている。最初は控え目だが、海藻がどれだけ効率的にマイクロプラスチックを回収できるかを解明しながら、取り組みを拡大していく必要があるだろう。様々な種類のプラスチックを回収できる様々な種類の海藻のカーテンを育てる実験を進めているところだ。コンセプトは分かっている。しかし、海の違いや条件の違いによって、異なるアプローチが必要となるだろう。

　1960年代に、有毒な化学農薬があらゆる場所に存在していることへの懸念が高まり、有機農業が誕生した。その時と比べることができよう。最初の頃、有機農業が食料生産に果たす貢献はわずかしかなか

った。今では有機農業は幾何級数的に増加しており、イタリアやオーストリア、ラトビア、エストニアといった国々では既に耕地の10％以上を占めている。欧州では、すべての農業の50％を有機農業にすることを目指す強い力が働いている。インドのシッキム州は先頃、「100％有機農業の州」を宣言した。モーリシャスのロドリゲス島もこれに続いており、ブータンの大部分は今なお「化学的農業と無縁」の昔ながらのやり方を続けている。

　私たちは、「わずか半世紀の間に自分たちが生み出してきた汚染は、取り除くのに100年以上かかるかもしれない」ことを受け入れなければならない。しかし、始めるべき時は今だ！　何より重要なのは、経済プロセスを通じて行うことができ、その過程で多数のリターンやメリットが生まれ続けるという点だ。次章ではいくつかの数字を使ってそろばんを弾き、「海洋プラスチック汚染を取り除く闘いがどれだけ巨大な難題であるか」、そして「進めていく中で、社会と地球は何を得られるか」を示そう。

　私たちは、大転換のスタート地点に立っている。エネルギーの生産と海の再生を組み合わせた大改革だ。今あるもので、海藻養殖に比するものは何もない。持続可能で再生可能な形で燃料と食料を社会にもたらす方法だ。私たちがそもそも生み出すべきではなかった汚染のクリーンアップを行えるチャンスとして、今後何世代にもわたって科学者や起業家にインスピレーションを与えることになるだろう。

第 10 章

1 + 1 = 3、
新しいシステムが多くの便益を生む

オカミが、川の流れを変えた──。自然の複雑さを表した米国イエローストーン国立公園の一例である。これは「一つの次元でしかものごとを考えない直線的なアプローチでは、すべての人やものに最大のメリットをもたらす『最善の結果』にならないことが多い」という状況をよく表している例だ。自然界では「1 + 1」の答えはいつだって少なくとも「3」である。「オオカミと川」のストーリーは、最も効果的なプラスチック汚染戦略を立てるのに参考になる。

　20世紀初めに米国は、国内の自然や原生地域を守るため、国立公園局（NPS）の権限のもとで多くの国立公園をつくった。NPSは当時、「オオカミが野生生物に脅威を与えている」と考えており、猟師にオオカミを撃つ許可を与えた。こうして、1926年にイエローストーン国立公園で最後のオオカミが殺された。その後、今から25年前に、生態学の新しい知見が出てきたため、公園当局はオオカミをもう一度導入することを決めた。数年前にオオカミ復活の影響を分析したところ、科学者たちの結論は予想通り、「ヘラジカとシカの個体数が減った」ということだった。だが、科学者たちは同時に、「オオカミの再導入によって、公園内の大小さまざまな川の流れが変わった」ことも見いだした。

　その分析はこうだ。オオカミが戻ってくると、ヘラジカやシカは森にいる捕食者から身を守れるように、自分たちの姿が丸見えになる河川や小川沿いの土手を避けるようになった。その結果、踏み荒らされなくなったため川沿いに植生が広がった。それによって川の水の流れが変わったのである。川の流れの変化はそれほど重要には思えないかもしれない。しかし、川沿いの植生は多くの生物種に豊かな生息地を

与えるので、生態系は繁栄する。言い換えると、オオカミは野生生物
への脅威ではなく、健全な生態系の一端を担っているのだ。オオカミ
がいない時には、生態系は損なわれていたのである。

　相互に影響を及ぼし合う要素から構成される、あるまとまりのこと
を「システム」と呼ぶが、イエローストーン国立公園でのオオカミ復
活のストーリーからも、そこには"システム"があることが分かる。
多様性が大きければ大きいほど、レジリエンスは高まり、水や栄養分、
エネルギー、物質の分配と使用がより効果的になる。新しくできたシ
ステムはどういうわけか、システムを構成する個別の要素には存在し
ていない特性を持つ。例えば、腕時計からすべての部品を取り出して
テーブルの上に並べたら、組み立てられていた腕時計のようには時を
告げなくなる。花のすべての部分をバラバラにして地面に置いたら、
1本の花のように生長し咲き誇ることはなくなる。数が増えると、つ
まりひとまとまりになる要素の数が増えると、「質が変わる」と言う
こともできる。

　本書では、よく知られた2つの技術を紹介した。熱分解と消化であ
る。どちらの技術もかなりの批判を受けており、そのため今まで広く
採用されるに至っていない。「熱分解は、あらゆる種類のプラスチッ
クごみをほかのものに換え、除去するために使えるたった一つの利用
可能な技術だ」というのが私たちの主張だ。批判的な人たちは、「熱
分解は大量のエネルギーを使い、コストがかかる」と反論する。だか
ら成り立たないというわけだ。そういう人たちが分かっていないのは、
私たちは、「エネルギー生産の最善の方法だから」ではなく、「プラス
チックごみを一掃するため」に熱分解がよいと言っているのだ、とい

うことである。

　同じように、海藻の消化は、「簡単に標準化できず、それゆえ予測不可能だ」と批判される。海藻の種類によって成分が様々であるため、アウトプットも様々だ。どちらの批判も、イエローストーン国立公園でオオカミを殺して絶滅させたのと同じ直線的な思考から来ている。

　自然界と同じように、いくつかの要素を合わせる時にチャンスが生まれる。まず、私たちのアプローチは分散型で、地元のニーズや機会に対応することを重視している。熱分解装置でつくった合成ガスによる発電に重きが置かれる地域もあるだろう。なぜなら、その地元社会ではその電力が必要だからだ。ボンベに詰めたガスを直接販売する地域もあるだろう。それが地元のニーズを満たすからだ。プラスチック汚染に苦しむ沿岸域から遠く離れた地域であれば、熱分解装置の設置によって雇用を創出し、汚染のクリーンアップを行うが、海藻養殖場は設置できない、というところもあるだろう。要するに、私たちはプラスチック問題へのいくつかのソリューションを実施している。ソリューションは「複数」であり、「それ一つでどれにも通用する」ソリューションではない。

　とはいえ、私たちのビジョンは、「熱分解と消化という従来からある技術を、革新的・革命的に新しい方法で組み合わせる」という点で画期的だ。後に見ていくように、このように組み合わせることで、私たちのビジネスモデルは幾何級数的に改善する。ほんのちょっと化学を交えながら、ここにどのようなチャンスがあるのか説明していこう。

　バイオダイジェスター（消化槽）では、バイオマスが発酵して、ガスと固形の汚泥残渣になる。これは、酸素のない嫌気性の環境で起き

る。バイオマスの半分は水（H_2O）、残りの半分は主に炭素（C）だ。消化でCはHとくっ付いてCH_4、つまりメタンガスとなり、燃やすことができる。CH_4を生成するプロセスの効率は、そこで使える水素（H）原子の数によって制約を受ける。CH_4分子1個をつくるには1個のC原子に4個のHがくっ付く必要があるため、バイオマスから生成されるメタンガスはせいぜい50％である。それ以上にCH_4分子をつくれるだけのH原子がないからだ。使えるC原子の残り、約40％は酸素とくっ付いて二酸化炭素（CO_2）になるが、これは欲しくはない温室効果ガスだ。最後に、発酵によって、数％の硫化水素（H_2S）と5％ほどの汚泥ができる。

　さて、次に熱分解の装置を見ていこう。高熱下でプラスチックは合成ガスに変わる。この合成ガスは最大30％が水素、50％がメタンで、残りは有毒な一酸化炭素（CO）と二酸化炭素（CO_2）である。ごく一部はディーゼルやガスといった燃料に転換され、数％の固形廃棄物が残る。この固形廃棄物には、プラスチック中にあった有害な汚染物質と生物学的な残渣のすべてが含まれている。この廃棄物はセメント工場に送られ、セメント製造工程で完全に破壊される。

　熱分解装置で発生した、水素を豊富に含む合成ガスをバイオダイジェスターに送る時に、画期的なチャンスが生まれる。水素が多いということは、より多くのバイオマスがメタンガスに転換できるということだ。2つの技術を組み合わせれば、バイオマスからの生成物の90％以上をCH_4にすることができる。つまり、バイオダイジェスターの効率が50％から90％へと、8割も向上するのだ。また、プロセスの無機化が促進され、リン酸肥料の品質が向上する。バイオダイジェスタ

ーで無機化を進めると、海藻からのマイクロプラスチック分離も簡単になる。その後マイクロプラスチックは熱分解装置に戻され、最終的に破壊される。マイクロプラスチックの熱分解だけでは費用がかかりすぎる。マイクロプラスチックを生物学的な残渣とともに従来の熱分解に投入する、すなわち2つのシステムを合わせることで、効率がぐんと上がり、経済的に回るようになる。

　私たちが考える新しいビジネスモデルは以下の通りだ。まず東南アジアの沿岸地域に熱分解装置を3400台設置する。投資額は120億ドル（約1兆3000億円）必要だ（第8章を参照）。さらに、12万ha（1200km^2）の海藻養殖場を開発する（第9章を参照）。具体的には3400地域それぞれの海岸線の前面に約35haずつの「マイクロプラスチック・フリーゾーン（MPFZ）」を設置する。そのためにさらに120億ドル（約1兆3000億円）が必要である。

　合計240億ドル（約2兆6000億円）の投資額は高いと思うかもしれない。この数字を秩序立てて考えてみよう。原子力発電で1GWを発電するコストは約40億ドル（約4400億円）だ。つまり、私たちのビジネスモデルは6GWの発電をする原子力発電所を1基建設するのと同じ額で、プラスチック汚染のクリーンアップを行い、地域を発展させ、海を再生できるのだ！　ちなみに、6GWというのは、日本や韓国、中国、カナダにある既存の原子力発電所の規模よりも小さい。

　海藻養殖には、海藻バイオマスからバイオガスをつくるダイジェスター設備を陸上に置く必要がある。このダイジェスターは熱分解装置とつなげて設置する。先述したように、熱分解装置の合成ガスをダイジェスターに投入することで、海藻消化のアウトプットを大幅に改善

できる。

第9章で述べたように、海藻の年間収穫量を控えめに1ha当たり200tと見積もっておく（1ha当たり最大で1000t、つまり5倍の数字が出ている試験もある）。1200km²の海藻養殖場で1年間に収穫できる量を合計すると、2400万tとなる。熱分解による合成ガス中の水素の力を借りると、海藻1tから36m³のバイオガスを生成することができる。つまり、2400万tの海藻から、年間8億6400万m³のバイオガスを製造できることになる。

これに、熱分解の合成ガスに50％含まれるメタン、40億9100万m³分を加える。こうしてメタンガスの総量は、49億5500万m³となる。発展途上市場でのボンベ入りガスの1m³当たりの価格は約1ドル（約110円）なので、私たちの年間バイオガス生産量の価値の総額は49億5500万ドル（約5400億円）になる。

ダイジェスターには、リン酸塩とヨウ素を豊富に含んだ固形残渣も残り、これは理想的な肥料となる。残渣はもともとの海藻の重量2400万tの約3％である。つまり、消化によって年間72万tのバイオ肥料が得られる計算だ。この肥料の市場価値は1t当たり150ドル（約1万6500円）であるため、私たちの収益に年間1億800万ドル（約120億円）が加わる。

もう一つ大きな収入源は、炭素隔離の権利の販売だ。海藻2400万tは、二酸化炭素4800万tを回収する。アジアでは炭素隔離の価格は1t当たり5ドル（約550円）。ここから、私たちの収益源にさらに年間2億4000万ドル（約260億円）が加わる。

私たちの「プラスチック・ソリューション」事業は、年に53億300

万ドル（約5800億円）を稼ぎ、しかも、海藻養殖からさらに得られる複数の現金収入は計算に入れていない。繊維産業への繊維供給や、牛から出るメタンを減らすための飼料添加物、アルツハイマー病の薬、食品産業や化粧品産業向けの原材料、さらに「プラスチックフリー」のカキやビーチ観光のプレミアム価格まで、多くの追加収入がある。私たちのビジネスモデルの持つ重要な強みに注目いただきたい。それは、多数のキャッシュフローがあるため、全体のシステム内の様々なリスクが減るということである。

　熱分解装置とダイジェスターの操業費用に、150万人のごみ収集者への支払いを足して、必要なコストは年間40億9000万ドル（約4500億円）になる。つまり、私たちの予測する年間の現金収入は12億1300万ドル（約1300億円）だ。240億ドル（約2兆6000億円）の投資に対して年間5％のリターンである。ビジネスになるのだ！

　私たちが実際にやっていることを、もっとよく見てみよう。あらゆるプラスチックごみの80％の海への投棄を止めているだけではない。海の再生も始めているのだ。MPFZの藻場で稚魚や幼魚が守られるようになる結果、10年後にどのような価値が生まれているだろうか？　100年後、ふだんタンパク質の多くを海産物から摂取している世界の半分の人々にとって、魚類の資源が再び豊かになることが意味するものは大きい。

　将来世代の視点から見ると、海洋プラスチック汚染の解決は、多大なリターンが得られるプロジェクトである。150万人の貧しいごみ収集者が15億ドル（約1650億円）の所得を得るようになったらどうなるか、ちょっと考えてみてほしい！　こうした人々のために新しい家

が建てられ、新しい学校や企業ができ、地域や社会が大きく変わるだろう。

同時に、環境への影響も非常に大きい。2019年5月にプリマス海洋研究所の科学者たちは、海洋プラスチック汚染による地球規模での生態学的、社会的、経済的な影響の定量化を試みる初めての研究結果を発表した。この研究は、海洋プラスチックごみによって年間2兆5000億ドル（約275兆円）、投棄されるプラスチックごみ1t当たりにして3万3000ドル（約360万円）のコストが生じていると結論づけた。つまり、1000万tのプラスチックが海に入り込むのを防げば、毎年3300億ドル（約36兆円）の節約になるということでもある。思い出してほしい。私たちの初期投資は、わずか240億ドル（約2兆6000億円）だ！　ビジネスモデルを進化・改良しながら、投資を続けることになるだろう。私たちはお金を稼ぎ続けながら、海のクリーンアップや海洋生態系の回復を続けることになるだろう。

環境面では、ほかにも節約ができる。廃棄物処理業者は埋立地にごみを捨てるのに、1t当たり95ドル（約1万円）を支払っている。非公式のごみ収集者たち、すなわちウェイスト・ピッカーたちが仕事をすれば、自治体などによるごみ収集が960万t不要になる。これで、年に10億ドル（約1100億円）近くの節約になる。同時に、ガスや電力を売れば、ディーゼル燃料も要らなくなる。この燃料切り替えによる年間節約額は推定6億5000万ドル（約715億円）だ。

地方自治体は、予算の10％以上を燃料補助金として支出していることが多く、ディーゼルの消費と廃棄物管理で見込まれる節約の恩恵を受ける。だから、私たちの事業に資金を提供してくれる良い候補者

になるだろう。そうはいっても、途上国の自治体は資金難であること
は知れ渡っている。多くの場合、自治体や政府は廃棄物管理の費用を
節約することもできない。なぜなら、現時点で廃棄物は収集さえされ
ていないからだ。経済協力開発機構（OECD）によると、世界の20億
人は、廃棄物管理が全く行われていない中で暮らしているという。そ
のような場所ではプラスチックごみ処理に配分される自治体の予算は
ゼロということでもある。

　地球や社会のニーズや利益も含めたマクロの視点から見ると、私た
ちのビジネスモデルは非常に効率が高く、儲けることすらできるもの
だ。だが、直接の収支しか含めないミクロの視点から見ると、資金調
達は難題だ。私たちはほかの投資家が必要だ。プラスチック汚染の脅
威や危険に対する市民の意識が近年大きく高まってきたことを考える
と、厳格な市場投資ルールに従う必要のない世界銀行のような組織が
関わるべきである。あるいは、ソフトドリンク企業やそのほかの容器
包装に入った商品を売っている多国籍企業などの主要なプラスチック
汚染者が、この取り組みに資金を提供する銀行ローンの保証を行うと
いうのは、大いに理にかなっている。このような企業は、汚染に対し
て間違いなく責任があり、利益を生む事業を通して自らの生み出した
汚染を除去する支援ができる。

　近頃、こうした企業がこの難題に前向きに対応しようとしている兆
候が見られる。2018年10月に欧州投資銀行（EIB）は、ドイツ復興
金融公庫（KfW）グループおよびフランス開発庁（AFD）と共同で
「クリーン・オーシャンズ・イニシアティブ」を立ち上げた。この3
行が協力して今後5年間に最大20億ユーロ（約2400億円）を融資し、

海に到達する前にプラスチックを収集して廃水を浄化する事業を支援するとしている。2019年には「廃棄プラスチックをなくす国際アライアンス（AEPW）」が設立された。AEPWは、プラスチックと消費財のバリューチェーンで活動している多くの大手多国籍企業の集まりだ。具体的には、BASF、ベリー・グローバル、ブラスケム、シェブロンフィリップスケミカル、クラリアント、コベストロ、ダウ、DSM、エクソンモービル、フォルモサプラスチックUSA、ヘンケル、ライオンデルバセル、三菱ケミカルホールディングス、三井化学、ノバ・ケミカルズ、オキシデンタル・ケミカル、PolyOne、P&G、リライアンス・インダストリーズ、SABIC、サソール、スエズ、シェル、SCGケミカル、住友化学、トータル、ヴェオリア、ベルサリスといった企業である。AEPWは、環境中の廃プラをなくすことに貢献するため、今後5年間で15億ドル（約1600億円）を超える投資を行うと約束している。

　つまるところ、私たちのプラスチック・ソリューションには、違うタイプの投資家が必要なのだ。「将来世代のメリットのために投資すべきだ」「自分たちが生み出した汚染のクリーンアップに対する責任を自分たちも共有している」と考えている投資家たちだ。明確に言うが、私たちはプラスチック汚染のクリーンアップを行い、海を再生し、途上国で雇用を創出しながら、お金を儲けるのだ。これほど大規模で長期的で世界を変える効果を有する「インパクト投資」のチャンスはなかなかない。これをチャンスと見ている投資家がいる。最終章では、このような投資家に舞台に立っていただこう。

　なお、本章の大部分は、コロンビアのボゴタ大学のヨハン・マヌエ

ル・レドンド博士とダニー・W・イバラの予測とモデリングをベース
にしている。大いに感謝を申し上げたい。

第 11 章

100年ビジョンで考え、
レガシーを残すキャプテンになる好機

あなたがこのページを読んでいる間に……。

……トラックもう1台分のプラスチックごみが海に投棄される。

……マイクロプラスチックが突風に乗って、地球上の手つかずの自然の地に飛ばされる。

……途上国の不適切なリサイクル施設でプラスチックごみが屋外で燃やされ、貧しい地域へ有毒な黒煙を吐き出している。

　私たちは現実的にならなければならない。世界中のプラスチック汚染を取り除くというのは、とてつもなく大きな難題である。今後6〜10年で120億ドル（約1兆3000億円）の投資をもって、「廃棄物からエネルギーをつくる」コンテナ型工場を戦略的に3000カ所以上設置することで、東南アジアで海に入っていくプラスチックごみの80％を止めることができたとしても、なお「世界中の海も山も砂漠も（マイクロ）プラスチックだらけ」という現実に直面していることだろう。さらに120億ドルを投じて1200km^{2}に最初の海藻カーテンを設置しても、それは海の再生の始まりにすぎない。海藻カーテンを植えることで回収できるマイクロプラスチックは現在1ha当たり年間5kgだが、この回収率では、もう一度きれいな海にするためにどのくらい海藻を植え、収穫し、処理しなければならないか、細かい計算を始めることすらできない。

　しかし、ほかの面でも現実的になるべきだ。人類の歴史には「ありえない」達成が山のようにあるのだ。人類はこれまでに繰り返し、驚くべきビジョンを現実に変えることができてきた。家や職場や学校にある人工物一つひとつが、最初は空想の一環として思い描かれたということを思い出すべきである。人類初の月面着陸はこのようなビジョ

ンの成果だった。このシンプルな事実を知れば、そのミッションがいかに「ありえない」ことだったかが分かるだろう。それは、「あなたのポケットに入っているスマートフォンの処理能力は、50年前に人間を月面着陸させたコンピューターの10万倍以上だ」ということだ。1961年にジョン・F・ケネディ米大統領が10年以内に人間を月に着陸させると語った時、誰がそれを「現実的に」信じられただろうか?

　月面着陸と違って、地球という惑星のプラスチック汚染を取り除くというのは、10年のビジョンではない。50年もの間環境に投棄されてきたものを、何年かで回復させることはできない。今、私たちが掲げるのは「100年ビジョン」だ。最初の装置を設置して、最初の海藻カーテンを植えることは、とても長い旅路の最初の一歩にすぎない。しかしその旅路は、自然界の持つ力に支えられた強力なビジネスモデルがあれば、成功することができるし、成功するだろう。それが私たちのビジョンの力だ。汚染が続く中でもずっと雇用を創出し、環境を回復させ、利益も生むように間もなくなるだろう。

　ポジティブな展開のカスケード（連鎖）の弾み車が回り始めるだろう。良いビジネスモデルが原動力となって、小さいステップがもっと大きなステップになっていく。さらなるイノベーションによって投資対効果が改善される。まずは、数百mのカーテンをつくり、数百kmのカーテンへ、そして、ほどなく数百万km^{2}の海藻林へと広げていく。この最初の経験を基に、私たちは海藻によるマイクロプラスチック回収量を増やす方法を見いだすだろう。私たちが100%分解可能なバイオプラスチックを採用し、添加剤に対応している間に、自然界は私たちが汚染した砂漠や山を浄化する方法を見いだすだろう。思い出して

ほしい。私たちが必要とするバクテリアは既に、土壌や空気や海水の中に生きて存在しているのだ！　「世界のプラスチック汚染を100年できれいにする」というのは、実に現実的なのである。

　私たちが自信を持ってそう言えるのは、「人間の行う事業以上に、イノベーションや変化を押し進める強大な力はない」ことを知っているからだ。政府は、規制と税政策を通じて大きな影響を与え、世のため人のためになるような成果を促進・支援することができる。しかし、政策立案者は利害の対立に対処しなくてはならないことも多い。強気のロビー団体に悩まされ、次の選挙という短期的な影響に左右されるため、必要とされる大胆な決断を躊躇する。

　結局、何世代にもわたって根本的なイノベーションを引っ張るのは、進取の気性に富んだパイオニアとインパクト投資家だけなのだ。それもそのはずだ。どのような取り組みであれ、収入が絶え間なく入ってきて、金融資本と社会資本がきちんと蓄積していかない限り、長期にわたって社会面や環境面の目標を持ち続けることなどできない。重要な社会・環境活動が補助金や慈善事業に頼っているとしたら、絶えずリスクを抱えている状態であり、おそらく瓦解に直面するだろう。

　今日のビジネスは、多くのものを犠牲にし、そしてすべての生命が依存している環境を犠牲にして、一握りの人たちだけのために便益を与える勢力となってきた。本書の執筆中、ロイヤルダッチシェルは米国ペンシルバニア州ピッツバーグ郊外のオハイオ川沿いに、150haの巨大な工場を新設している。この工場では、スマホケースや自動車部品や食品包材といった製品の原料となる、極小のプラスチックペレットを年間100万t以上生産する予定だ。そして、ご存知の通り、この

ペレットは（まだ）土中や太陽の下や海中で分解する設計にはなっていないため、その製品が役目を果たした後も何百年も残ることになるだろう。シェルは、減税措置を受け、今後推定16億ドル（約1700億円）を節約できる見込みだ。これは、政治家が地球と人々の利益を守るために立ち上がっていないことの証といえよう。そして、そう、この工場は5000人の雇用を生むことになる。

　現状では、企業がもし放っておかれて好き勝手にできるとしたら、人々や地球の利益に貢献しないことが多い。よく言われる論理は、「企業はまず株主に貢献しなければならない」というものだ。多くの場合ビジネスは、直接的な害をもたらさないにしても、世のため人のためにもなっていない。ビジネスのせいで、社会を一つにつなぎあわせている非常に重要な「社会の細胞組織」が壊れてしまうことも少なくない。

　昨今の起業家による最高の成果の中には、例えばフェイスブック、エアビーアンドビー、ウーバーなど、世界中の地域社会の最も基本的なニーズに対応するわけではないサービスを提供することで、少数の人間が何十億ドルも稼げるようなものがある。ウーバーは、運転者や歩行者の社会的な安全をないがしろにしているし、エアビーアンドビーがあることで学生を含めて低所得・中所得世帯向きの手頃な住宅が不足するようになっている。過去には鉄鋼王や鉄道王も大金持ちになったが、彼らの貢献のほうがはるかに共通の利益やニーズを満たしていたことはほぼ間違いない。

　社会全体を支える活動を表すために、新しい企業カテゴリーさえつくり出されてきた。「責任ある企業」や「社会起業家」などだ。これ

らは素晴らしい取り組みではあるものの、非営利活動と同様、今日の世界でビジネスが全体としてたどっている破壊的で良くない道筋を変えるだけの強い影響力は、これまで持ちえていない。さらに、「責任ある企業」や「社会起業家」という言葉は、「有機りんご」みたいに聞こえる。私たちが暮らしているおかしな世界では、りんごのような果物を虫などから「守る」ために、あらゆる種類の人工的で不健康な物質で処理することをごく普通に行っている。その結果、自然のりんごを栽培する人々も出てきて、私たちはそれを「有機りんご」と呼ぶのである。ずっとそこにあった何かに新しい名前を与えているのだ。木から落ちるりんごは、何だろう——うん、りんごだ……。そうではなく、農薬などの処理をした新しいりんごのほうに、それ自体の名前を付けるべきだったのではないだろうか。「化学りんご」とか？

　同じように、企業の目指すところは一つしかない。「社会の利益に貢献し、社会のために価値を生み出す商品やサービスを提供すること」だ。だから、企業は操業する許可をもらえるのだ。世のため人のために貢献する企業に「責任ある」とか「社会的」を付けて呼ぶのではなく、今日の近代ビジネスの悪いバージョンのほうを「無責任企業」とか「破壊的企業」と呼ぶべきである。言葉には力がある。自分たちがしていることを私たちに理解させてくれるのだ。

　今日の企業は、才気あふれるオランダ人が発明したものだ。1602年に設立されたオランダ東インド会社が、世界最初の株式会社である。当時のオランダ商人は、アジアに貿易船を送るというリスクの高い活動の資金として、もっと多くの投資が必要だと気づいた。それまで企業は合名会社であった。企業に関わる人たちが共同で出資し、共同で

経営を行った。企業を経営する人たちがその企業を所有していたのだ。その考え方だと投資規模を拡大できない。うまく共同で働けるパートナーの数には限度があるからだ。オランダ商人がつくった新しいモデルは、企業の所有と経営を切り離すものだった。株主はお金を出すが航海には出ず、その会社のほかの取引にも関与しなかった。この仕組みのおかげで、オランダ東インド会社は、事業を遂行するための資金をより多くの人々からはるかに多く集めることができたのである。

　だが、大問題が一つあった。その会社が乗り出そうとする航海は、今でいえば宇宙探査に匹敵するくらい、リスクが高かったのだ。長い航海の間に船が沈むことも多々あった。言い換えると、多額の投資が簡単に失われる可能性があったのである。さらに悪いことには、太平洋で嵐が発生したり海賊の襲撃を受けたりして、サプライヤーがお金を払ってもらえなかったり、積み荷がバイヤーの元まで届かなかったりしたら、多額の損失の責任を株主が負うことになる可能性もあった。当時は、債務は完済するまで次の世代へと引き継ぐのが普通だった。

　この慣行があるために、投資はひどく抑制されてしまった。自分は何の影響力も持っておらず、自分や子孫にまで借金を負わせる可能性さえある企業に喜び勇んで投資しようとする株主はあまりいないだろう。オランダ東インド会社はそれをどう解決したのだろうか。「有限責任」である。投資家も株主も「損失は自分の投資額まで」となったのだ。「損失リスクは有限、利益チャンスは無限」というこの創造的でうまみのあるシステムは、今も存在している。そして、社会のすべてに対して多大な影響を及ぼしているのだ。

　植民地時代には、このような「企業の利己主義」が広く公益にかな

っていた。植民地からの略奪行為は、支配する側にとっては繁栄を意味し、公益にかなっていると考えられていた（こうした当時の見方は非難されるべきだというのはまた別問題である）。政府は、オランダ東インド会社などの企業に対し、その企業が公益に貢献するのが明らかである限り、株主に有限責任を与える権利を認めていた。当時の最悪のリスクは船が沈んだり略奪されたりすることで、株主の有限責任は借金に関係するものだった。

　今日、危機にさらされている重大な関心事はほかにもある。地球や人の健康状態もその一つだ。プラスチックの生産は、今後何世代にもわたって影響を及ぼす。すべてのプラスチックごみを海から取り除くには、100年以上かかるかもしれない。プラスチックに含まれる有害な添加剤は、食物連鎖に入り込む。そして、プラスチックだけではない。製薬会社が、今後100年間も効果を持つであろう強力な薬を市場に出しているのだ。薬を摂取した後、その成分の有効性は長い間続く。抗生物質は、処方された範囲をはるかに超えて動植物や人間の胃腸を「治療」し続ける。石油や化学物質を運んでいるタンカーは、何十年にもわたって自然を破壊する可能性がある。危険な原子力発電所や化学プラントは人口密度の高い都市部近郊に設置されており、何か間違いが起きればあっという間に全面的な災害に発展し得る。こういった活動のすべてが公益にかない、世のため人のためになるのか、全くもって明らかではない。

　オランダ東インド会社の経営陣は、有限責任会社として認可してもらうために、公益の代表者である政府と交渉しなければならなかった。認可は、最善の公益を念頭に置いていると思われる事業に対して、

人々の代表者から与えられる特権だったのだ。今は大違いだ。誰であっても、書類を記入して登記料を支払いさえすれば、有限責任会社を設立することができる。企業の所有者が「有限責任の権利を得る見返りに何を行うか」について当局と交渉しなければならなかった時代は、とうの昔に過去のものになった。今日会社を設立する人は誰も、「自分は特権を与えられているのだ」とは思いもせず、そのように行動することもない。実のところ、今の企業が政府と交渉するのは、「投資を行う見返りにどのような補助金や税制優遇措置が受けられるか」だけだ。

「モンサントは、信頼のおける機関が『おそらく発がん性がある』というグループに入れている農薬グリホサートを生産する認可をもらうべきだろうか?」「シェルは、何百年ではなくとも何十年にもわたって人々の健康を危うくし環境を汚染すると分かっている物質を、何百万tも製造するための工場を建設する認可を得るべきなのだろうか?」とは、誰も問わないのである。

政界やビジネス界の主流派がビジネスのゲームのルールをつくり直し、企業が再び社会に貢献するようになるまでは、長く待たなければならないかもしれない。しかし、世界中のプラスチック汚染を止め、クリーンアップを行うために必要な合意ができるのを待っている余裕はない。これまで通りのやり方でプラスチック汚染を止めることはできないが、それをビジネスで解決することはできる。厳しい会計分析にも耐えられるビジネスモデルで、プラスチック危機を解消することができる。しかし、このようなモデルには、先見の明のあるサポートが必要だ。

19世紀後半に産業革命が本格化していた頃、個人的な金銭的利益を満たすだけでなく、何らかの形で社会に積極的に貢献するような起業家を表す、新しい用語が使われるようになった。その「キャプテン・オブ・インダストリー（産業界のキャプテン）」は、当時の「悪徳資本家」には縁のなかった「尊敬」を勝ち取った。これまでに見てきたように、プラスチック汚染を浄化するための即効薬は一つもない。この難題に対応するには、時間と粘り強い献身が必要となるだろう。人と地球の健康に主眼を置いた長期ビジョンが必要だ。だからこそ、これまでとは違うグループの人々が必要なのだ。将来に向けて残すポジティブな影響を「レガシー」と呼ぶが、その「レガシーのキャプテン」が必要なのである。レガシーのキャプテンは、「自らはゴールまで見届けられないかもしれない。それでも恐れずに旅を始める」起業家や投資家たちである。けれども、ラルフ・ウォルドー・エマソンの名言にあるように、「大事なのは目的地ではない。旅にある」のだ。そして、その旅は実り多く、利益をもたらすものとなり得る。

　発がん性のあるプラスチックを開発して数十億ドル（約数千億円）を稼いだ上で、それを大義のために寄付したとしても、意味のあるレガシーを生むことはまずない。地球を切り裂くことで財を成した後に、それがもたらした痛みを和げるために儲けの一部を寄付することが、どれだけ道理にかなっているのだろうか。レガシーのキャプテンは、間違ったやり方で儲けたお金を正しいやり方で世の中に戻すようなことはしない。レガシーのキャプテンは、自然と調和しながら世界をより良い社会に変えていくために、持てる最善の創造的エネルギーを使う。常にひたむきにより良い結果を得ようと打ち込む。長い間そうし

ている中でお金を稼ぐだろう。その子や孫たちはさらに大きなお金を得られるかもしれない。それは何も悪いことではない。しかし、彼らが最も優先するのは常に、「社会のニーズを満たすこと」だ。貧困を軽減し、雇用を生み、自然を回復させることなのである。

「レガシー」という言葉には注意しよう。レガシーは、ある一つの偉大な発明（太陽の下や水中や土中で分解されるポリ袋など）や、ある一つの巨大産業である必要はない。世界中の何百万もの人々が真似でき、大きな転換につながるアイデアやアプローチだって「レガシー」になり得る。プラスチックごみによる発電や、海藻を養殖してマイクロプラスチックを回収することがまさにそうだ。新しいミレニアル世代の人々は普段から、「自分たちは親世代とは違う形で貢献する準備ができている」ことを明白に伝えている。「レガシーのキャプテンたち」という新しい種族の生まれながらのメンバーなのだ。

この新世代の人々や、地域社会や自然を進化の道筋に戻すために役立ちたいと思っているあらゆる人々に進んでいってもらうには、まず、この新しい種族の成功を阻む、おそらく最大の障害を取り除かなければならない。それは「経営学修士（MBA）」である。事業計画の書き方、30秒間で簡潔に自己アピールをするやり方、目標管理制度（MBO）の実施能力、市場分析法、予算管理の透明性の確保、戦略計画立案の規律、それから言うまでもないが、投資オプションや資金調達技術を含む財務分析といったことを、起業家に教えるのが一般的になっている。世界に展開する多国籍企業を経営したいと思っていて、最終的な目的が「画一型」のモデルでスケールメリットや厳格なサプライチェーンマネジメントによるコスト削減であるなら、このような

専門用語は役に立つのかもしれない。しかし、社会の基本的ニーズを満たしたいと思っているのであれば、この「MBA用語」は完全に無力である。

　パタゴニアは繊維産業で最も成功した持続可能な企業であることはほぼ間違いないが、その創設者イボン・シュイナードは大学に行ったことがない。彼が会社を始めたのは、友人にクライミング・ギアを提供するためで、そうすれば自分もロッククライミングに行くお金が稼げるだろうと思ったからだ。シュイナードはニーズに応えたのだ。実のところ、私たちが起業家にMBAの原理原則を強制するがゆえに、ここ四半世紀の間、市民社会は豊富な資金で何千もの活動を進めてきたのに、現実を根本から変えることができていないのである。つまり、蔓延する貧困や飢餓、栄養不良、そして環境破壊をなくすことができていない。

　根本的な欠陥があるからだ。起業家精神を経営技術の下に置いたり、単なる経営技術の一つだとしたりすることはできない。起業家精神とはそもそも、「ニーズを見いだし、それに対応する」ことなのだ。それには、既成の枠から飛び出し、未知の環境の中を航行していく能力が必要だ。高温での熱分解によってプラスチックごみをエネルギーに換える技術は実証済みのものであり、海藻を栽培することは100年前から行われている。しかし、複雑な都市の環境に置かれる数千カ所のミニ工場で熱分解を用いようと思ったら、融通を利かせ、進みながら適応し変えていくという覚悟が必要だ。同じように、地球上の沿岸域にぐるりと海藻カーテンを植えようと思ったら、状況に合わせて変え続ける必要がある。地域にはそれぞれ地元のやり方があり、地元のニ

ーズもそれぞれ異なる。地域社会には、地元のビジネスをさらに強化するようなニーズを満たす新たなチャンスもあるかもしれない。

　地域に根差したミニ工場をつくって地域にエネルギーと雇用を提供するには、実証済みのフランチャイズモデルでビジネスコンセプトを「横展開」するのとはまるで違ったビジョンとアプローチが必要である。マクドナルドは世界に約3万7000店舗あり、毎日6800万人に食べ物を出している。今日のマクドナルド社にするまで70年かかっている。素晴らしいと思えるかもしれないが、世界には栄養不良で苦しんでいる人が8億人いるのだ。マクドナルドのモデルでは、――ファストフードの質や、熱帯雨林を皆伐して畜産を拡大することによる壊滅的な影響はさておき――この栄養不良の問題が近いうちには解決されないのは明らかだ。そのような起業家精神では、プラスチックごみの問題は解決されないし、飢餓も貧困も解決できない。

　世界中の海に海藻養殖場を設置するということは、刻々と変化する環境の中で自然と密に関わることを意味する。今では、ある種の海藻がマイクロプラスチックを回収しながら、エネルギーや食料のためのバイオマス源となることが分かっている。そうした海藻は、化粧品やバイオプラスチック産業にも貴重な原材料を提供し、海洋環境と魚類の資源を回復させる。海藻は、私たちのまだ気づいていないメリットをもっとたくさん持っているかもしれない。また、私たちのまだ知らない難題を突き付けてくる可能性もある。海藻を育てることは自然とのダンスだ。そのダンスは自然の基本原則に従うことになる。それは、「資源とチャンスはいつだって豊富にある」ということだ。これは、従来の経済学が教える「希少性」とは著しい対照をなす現実である。

実際、海藻を何百万tも養殖する戦略は、経済学では"奇妙な"概念に私たちをいざなうかもしれない。「豊富さ」という概念だ。

　自然は進化し続け、反応し続け、新しいニッチを埋め続ける。近代科学は絶え間なく追い付こうとしている。「海藻を使って海を浄化する」というチャンスを、私たちがたまたま見つけたことを思い出してほしい。ラパ・ヌイの歴史を長年誤解していたことを思い出してほしい。進化は続いていく。だから、何より大事なことは途切れることなく「発見」と「探求」を続けることだ。

　起業家にとって、レガシーのキャプテンにとって、いや、あらゆる人間にとって、何よりも難しいのは、常時初心を忘れないことだ。今やっているプロジェクトは、小さな踏み台にすぎず、その先にはおそらく、現在は想像もできないほど大きくて影響力の強い次のステップが待っている。だが、その次なる大きなチャンスを見いだせるのは唯一、今手にしているものにとらわれすぎていない時だ。時とともに自然のプロセスへの理解が深まると、事業に対するこのようなシステム思考のアプローチが第2の天性となるだろう。

　プラスチック汚染問題の解決は、まだ十分に進んでいない。なぜならこの難題は、MBAに触発された既存の事業計画や戦略にはフィットしにくいからだ。信じられないかもしれないが、シェルは「プラスチックのクリーンアップ」業界に加わっていない。そして、太陽の下でも土中でも海中でも分解されるような新しいポリマーの設計もしていないのだ！　自分たちの商品の容器包装にプラスチックを喜んで使っている、食品をはじめとする多国籍企業も、「使い捨て商品のロジック」を設計し直すところに少しも近づいていない。その本業の方針

は、原材料をまた土に還す循環には向けられていない。サーキュラー・エコノミーのやり方を導入しようという取り組みが最近始まっているが、それも統計データの示す方向を変えてはいないのだ。

　私たちは重大な岐路に立っている。この分かれ道で、将来世代の未来を守るために私たちがやるべきことをやるように動かせるのは、レガシーのキャプテンという新しい種族だけだ。ラス・ガビオタスでは現在のレベルまで熱帯雨林を回復させるのに40年かかった。世界中に海藻養殖場を設置するのには、それよりも長くかかるかもしれない。けれども、海藻を植えるのは、約2億2500万km離れた火星への旅行計画——このベンチャー事業を今日の億万長者の多くが積極的に支援している——よりも、間違いなく簡単だし、この地球に住む未来の人々にとっての意味も大きいだろう。

　時間は問題だろうか？　欧州諸国のあちこちに存在している中世の大聖堂では、訪れた多くの旅行者が心を動かされる。そのほとんどが100年以上かけて建てられたものだ。つまり、「この都市に大聖堂を寄付しよう」と決めた先見の明のある指導者は、その芸術と建築の完成品を決して目にすることはなかったし、そのことは承知の上だったのだ。そして大工も彫刻家も、自分が生きている間には自分の作業の完成形を味わうことはないと分かっていた。それでも、その事業を信じて、未来の数世代のために自分たちのお金や才能を役立たせたいと奮い立ちやる気になった。それがレガシーのキャプテンの役割であり、責任なのだ。

　何十年にもわたるプラスチック汚染と自然破壊の後に浄化し復元しようというプロセスは、大聖堂の建設のようなものだ。かつての大聖

堂の大工のように、「自分たちには社会の軌道を修正して地球との調和を取り戻すことができる」と信じているレガシーのキャプテンが必要なのである。

　この本を読んでいるあな̇た̇は̇どうだろうか？

　あなたはレガシーへの投資家ではないかもしれない。しかし、あなたも世界的なプラスチック・ソリューション運動の一員である。人類初の月面着陸のストーリーには、あまり知られていないエピソードもある。米国連邦議会での演説後しばらく経ってからのこと、ケネディ米大統領が米国を訪問中の外国高官を航空宇宙局（NASA）本部に連れて行ったことがある。一行が玄関で床を掃いている男性の脇を通り過ぎた時、客人がその男性に握手を求め、話しかけた。「ここで何をなさっているのですか？」　すると掃除夫は「私たち、月に人を送ろうとしているんです！」と答えたのだ。

　あなたは、「プラスチック汚染を浄化できるビジネスモデルがある」と人に伝える手伝いができる。

　ひょっとしたら、地域をとりまとめて超高熱分解装置を購入し、最初の「プラスチックごみフリーのまち」をつくることができるかもしれない。

　あるいは、イタリアのメーカー、ノバモントの「100％分解可能なプラスチック」の話を広めることもできる（ちなみに、ノバモントは、生分解性プラスチックが世界中にすばやく広がるよう、自社のイノベーションを共有したいと手ぐすねを引いている）。

　ガラスの瓶や容器しか使わないようにすることもできる。

　この運動が広がるように、そして運動に必要な資源を見つけられる

ように、この本を誰かに渡してあげることもできる。

　どの企業も知っているように、究極の力を持っているのは消費者だ。

　ビジョンとコミットメントとビジネスモデルを掲げて、私たちはプラスチック汚染のクリーンアップを行う。そう、時間はかかる。でも、この旅路は最初の一歩から意味があるし報われる。そして、覚えておいてほしい。「不可能」というのは、「まだ行われたことがない」ということでしかないのだ。

　準備はOK？

写真で見る、
自然エネルギーで走る船の旅

本書に登場する「レース・フォー・ウォーター号」について紹介しよう。スイス・ローザンヌに拠点を置く環境保全団体「レース・フォー・ウォーター財団」がスイスの時計メーカー、ブレゲの支援で造船した。本書の著者の1人グンター・パウリ氏が創設したZERI財団に賛同する日本のNPO法人「ZERI Japan（ゼリ・ジャパン）」（理事長は更家悠介氏）が日本での活動を支援している。世界一周の航海をしながら、海洋学者がプラスチック海洋汚染の調査や海洋生物に与えるマイクロプラスチックの影響を調査することがミッションだ。各寄港地では子供たちや市民を船に招き入れ、海洋プラスチック汚染について学ぶ機会を提供し、海洋保全への行動を促す活動を進めている。

　船は5人のクルーを乗せて2017年4月2日にフランスのロリアン港を出航。2021年10月に帰還するまで4年半をかけて世界の海を巡る。このプロジェクトは「レース・フォー・ウォーター オデッセイ2017-2021」と名づけられた。

　次の見開きページの地図にあるように、フランスのロリアン港を出航した船は、大西洋を横断し、カリブ海諸国に寄港。パナマ運河を通過してペルー沖からチリ沖へと進み、バルパライソ港に寄港した。そこから太平洋を横断し、ポリネシアとミクロネシアのいくつかの島に立ち寄った。その後、インドネシア、マレーシアと北上した。

コン・ティキ号のように自然エネルギーで航海

　この船の特徴は、再生可能エネルギーでのみ航海することである。本書にも少し登場するコン・ティキ号と、CO_2を排出しない点では同じだ。コン・ティキ号とは、1947年にヘイエルダールと仲間の5人がインカ時代の製法でつくったバルサ材の筏の名前だ。ペルー沖まで航行した後、太平

洋を3カ月漂流し、ハワイの4457km南方にあるツアモツ諸島に漂着した旅の様子は『コン・ティキ号探検記』として世界的なベストセラーとなり、2012年には映画化もされた。

レース・フォー・ウォーター号は、コン・ティキ号が貿易風に乗って太平洋を横断した航路より南を進み、コン・ティキ号が最後にたどり着いたメラネシア諸島にも寄港した。

レース・フォー・ウォーター号がコンティキ号と違うのは、同じく自然エネルギーを使っていながら現代のハイテクを駆使していることだ。風任せではなく、太陽・風・水の3つをエネルギー源として、予定したルートを航海できる。全長35mの船に512㎡の太陽光パネルと7.5tのリチウムイオン電池を搭載し、36時間の航行が可能だ。また、200mまで伸びる40㎡の凧（カイト）が帆の代わりとなり、上空150mの安定した強い風をとらえて推進力をつくりながら風力発電も行う。カイトはAIで制御され、マストに張られた500㎡の帆と同等の推進力を生み出す。

エネルギー源として水も活用する。ナノファブリックで海水を真水にし、生活用水をつくるほか、水を電気分解して水素もつくる。水素は圧縮してボンベに最大200t貯蔵できる。その水素を燃料電池として電力に変換することで、天候に恵まれなくても5ノットで6日間の航海が可能になる。光を利用したWi-Fiなどの通信手段も備えている。

中国を経て、2020年4月から8月にかけて日本に寄港する予定だったが、新型コロナウイルス拡大の影響を受けて現在は停泊を余儀なくされている。4月時点で、日本の沖永良部島に停泊中だ。5人のクルーは、2人を残しスイスに帰国した。だが、新型コロナウイルスの収束を待って、兵庫、大阪、名古屋、東京、神奈川などへの寄港を予定している。日本でも、子供たちや市民を船に招いて海洋保全やプラスチック問題を学ぶ機会を提供する予定だ。

レース・フォー・ウォーター　オデッセイ 2017-2021 （当初予定）

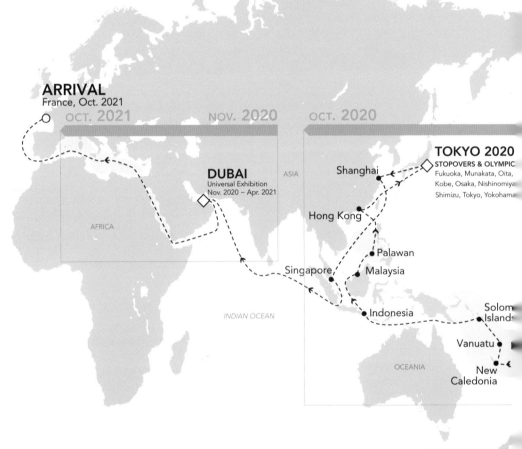

ARRIVAL
France, Oct. 2021

OCT. 2021　NOV. 2020　OCT. 2020

DUBAI
Universal Exhibition
Nov. 2020 – Apr. 2021

ASIA

AFRICA

INDIAN OCEAN

TOKYO 2020
STOPOVERS & OLYMPIC
Fukuoka, Munakata, Oita,
Kobe, Osaka, Nishinomiya
Shimizu, Tokyo, Yokohama

Shanghai

Hong Kong

Palawan

Singapore

Malaysia

Indonesia

Solomon
Islands

Vanuatu

New
Caledonia

OCEANIA

→ Provisional route

Potential scientific study zones

◇ Major events

● Stopovers

日本版注：新型コロナウイル
のパンデミックの影響で、当
予定が変更されています。

START
Lorient, April 2017

OCT. 2018   SEPT. 2018   MAY 2017

NORTH AMERICA

BERMUDA
America's Cup
May – June 2017

MES
, Okayama
yohashi,
ura

Cuba
Dominican Republic
Guadeloupe
Panama

PACIFIC OCEAN

ATLANTIC OCEAN

French
Polynesia
moa

Lima

SOUTH AMERICA

Tonga

Easter Island

Robinson Crusoe Island   Valparaiso

RACE FOR
W TER   A FOUNDATION
TO PRESERVE
WATER

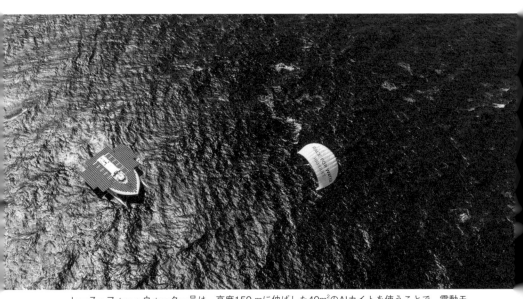

レース・フォー・ウォーター号は、高度150 mに伸ばした40m^{2}のAIカイトを使うことで、電動モーターを使用せずに4〜8ノットの速度が出せる

写真はすべてレース・フォー・ウォーター財団提供

レース・フォー・ウォーター号のAIカイトシステムのチェックを行う乗組員

タヒチ近海にて。太陽と水素とカイトの推進システムを組み合わせたレース・フォー・ウォーター号は、化石エネルギーから自然エネルギーへのエネルギー移行が可能なことを示すショーケースだ。船は512m²のソーラーパネルと7.5tのリチウムイオン電池を搭載する

フランス領ポリネシアのモーレア島のクック湾で、美しい曲線を描くレース・フォー・ウォーター号の船首

モーレア島の美しい海と船。酸素の50％は海で生成されており、人類の50％は海で育まれていると言える。人類にとっても海洋保全が重要な理由だ

グアドループ近海で元気な姿を見せるレース・フォー・ウォーター号の乗組員たち。プラスチックごみの海への流入を止めなければ、2050年までに魚の総重量よりプラスチックごみの重量が多くなると推定されている

レース・フォー・ウォーター号に乗り込んだエンジニアのバジル・プライムと水素システム

水素は、圧力350バールで7.5m³の水素貯蔵タンク25本に格納されている。2つの燃料電池を活用することで2600 kWh以上の電力を供給し、4ノットで最大6日間自走することができる

2017年8月に訪れたドミニカ共和国のサント・ドミンゴでは、ごみ収集システムがなく、川がごみの投棄場所になっている

アマゾンの中心部にあるペルーのイキトスの少年と散乱するプラスチックごみ

2018年8月にチリのイースター島でビーチ・クリーン活動に参加するレース・フォー・ウォーター号の乗組員たち

2015年に撮影したモルジブの海。モルジブにもこれだけ汚染された場所がある

「世界一汚染された川」と言われているインドネシアのチタルム川

インドネシアのチタルム川でペットボトルを持つサル

インドネシアの東ジャワ州パスルアンのごみであふれたビーチ

廃棄物の輸送路となっているインドネシアの東ジャワ州パスルアン地方の川

マレーシアのガヤ島にあるフィリピン人コミュニティーにはごみ収集システムがなく、廃棄物は焼却するか、海に廃棄するしかない

1万5000人が住むマレーシアのガヤ島のフィリピン人コミュニティーの村。汚染された状態しか知らない若い世代は、それが危険だとは気づかない

プラスチックごみであふれるマレーシアのガヤ島の海を調査するマルコ・シメオーニ

キューバで、細かいメッシュの「マンタ」ネットで、海中のマイクロプラスチックを収集している様子

2019年2月にニューカレドニアで、サンゴに対する金属とマイクロプラスチックの影響を分析している様子

ニューカレドニアのプロニー湾で、サンゴに対するマイクロプラスチックの影響を調査

2019年2月のニューカレドニアにおけるマンタネットを使った海洋調査

ニューカレドニアでの金属とマイクロプラスチックの影響調査。船上での分析の様子

2018年10月、フランス領ポリネシアにて。クック湾で保護した体長30cm、重さ6kgのアオウミ
ガメ「ガナニー」を海に放つマルコ・シメオーニ

2018年1月に、グアドループのポワンタピートルの子供たちを招いて行われた、船上でのプラスチック汚染についての学習風景

船内でプラスチック汚染やレース・フォー・ウォーター財団の役割について学ぶグアドループの
子供たち

レース・フォー・ウォーター号の世界一周の旅をグアドループの子供たちに説明する乗組員

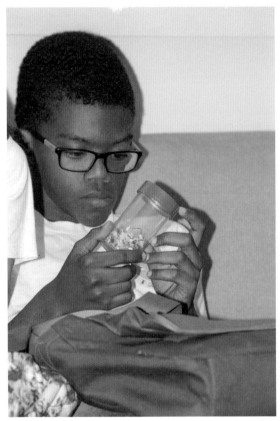

海で採取されたプラスチックを眺めるグアドループの少年。教育こそプラスチック問題解決のコミットメントと責任を果たす基盤となる

海洋プラスチック汚染の話に聞き入るグアドループの少女たち

グアドループのサン・フランソワの学校でプラスチック汚染について子供たちをインタビューする様子

2018年6月に行われた船での環境教育。プラスチックをかじった魚の歯の痕を見るチリのバルパライソの子供たち

マレーシアのボルネオ島コタ・キナバルの子供たちと触れ合うマルコ・シメオーニ

2019年10月に香港でワークショップ中のマルコ・シメオーニ。寄港地では様々な環境教育プログラムを実施する。一般市民に加えて政策決定者を招き入れ、海洋保全やプラスチック汚染に関する緊急な行動を促している

日本版解説
「使い捨て」から「使い回し」へ

更家悠介 ゼリ・ジャパン理事長、サラヤ代表取締役社長

　著者の一人、グンター・パウリ教授とは1982年からお付き合いしています。氏は、当社サラヤと同業であるベルギーのエコ洗剤メーカー「エコベール」の社長をしていた時期もありましたが、94年に国連大学の学長顧問になり、ゼロエミッションの活動を世界に広めてきました。ゼロエミッションとは、究極のところ、自然に倣って、「誰かの廃棄物を次なる循環に活用し、自然界では廃棄物ゼロが実現している」ことを、産業連関など新しいビジネスモデルを通じて実現しようという思想であり、実践活動でもあります。

　パウリ教授はその後、ゼロエミッションを経済的な観点からさらに前向きに構想・実践するため、「ブルーエコノミー」を提唱しました。私はこの運動に賛同して、2001年に日本でNPO法人「ゼリ・ジャパン（ZERI Japan）」を設立し、活動を支援してきました。ZERIとはゼロエミッション研究構想（Zero Emissions Research and Initiatives）のことで、ゼロエミッションを推進する団体のことです。

　もう一人の著者であるマルコ・シメオーニ氏とは、パウリ教授を通じて知り合いました。自然エネルギーで航行する船「レース・フォー・ウォーター（R4W）オデッセイ2017-2021」の2020年の日本への寄港を提案いただき、それをゼリ・ジャパンで支援することにしてからのお付き合いです。シメオーニ氏は、自身が創立したIT会社を2015年に売却し、そこで得た収益でヨットの開発や世界航海に情熱

を注ぎ込みました。

　世界航海を経験する中で、あまりにもひどい海洋プラスチック汚染に驚き、2017年に新しい船を造り、世界中でプラスチック海洋汚染防止を啓発する運動を始めました。この新しい船レース・フォー・ウォーター号は、100％自然エネルギーで航行し、また世界で初めて水素エネルギーを活用した船です。世界各地に寄港し、子供たちや市民にプラスチック海洋汚染の防止を訴え、時には影響力のある方々を招待して問題の解決に取り組んでいます。

　彼の持ち前の起業家魂に火が付き、プラスチック問題を経済的な仕組みの中で解決しようと、熱分解（パイロリシス）を用いた新しい廃棄プラスチック処理システムの提案もしています。本書の中で紹介されています。

仕組みを変えないと、地球の持続可能性が持たない

　2020年から、2030年や2050年を見通した時、人類にとって地球

更家悠介氏
1951年生まれ。74年に大阪大学工学部を卒業し、75年にカリフォルニア大学バークレー校修士課程を修了。76年サラヤに入社。工場長を経て98年に代表取締役社長に就任、現在に至る。日本青年会議所会頭などを歴任。ゼリ・ジャパン理事長、大阪商工会議所常議員、関西経済同友会常任幹事、ボルネオ保全トラスト理事、日本WHO協会副理事長、ウガンダ共和国名誉領事などを務める。2010年に藍綬褒章、14年に渋沢栄一賞受賞。著書に『これからのビジネスは「きれいごと」の実践でうまくいく』（東洋経済新報社）など。モットーは、あらゆる差別や偏見を超えて、環境や生物多様性など地球的価値を共有できる「地球市民の時代」

海洋プラスチック汚染の実態を調査し、寄港地で環境教育の場を提供する「レース・フォー・ウォーター号」は2020年に日本に寄港する。日本での活動を支援するゼリ・ジャパンと協定を結んだ時の写真。前列左から、グンター・パウリ氏、更家悠介氏、マルコ・シメオーニ氏

の持続可能性に大きな警鐘が鳴らされています。地球温暖化、生物多様性の減少、貧富の拡大、そしてプラスチック海洋汚染もその中の大きな問題です。プラスチックは20世紀初頭に発明され、我々人類に大きな利便を与えてくれました。しかしその大部分は、埋め立てられ、また焼却され、あるいは廃棄されたまま海に流れて行き、細分化されて海の上を漂っています。

　2016年の世界経済フォーラム年次総会、いわゆるダボス会議では、2050年には廃棄されて海に流入するプラスチックが魚の総重量を超えるという指摘がなされました。現にプランクトンや小魚から海洋哺乳類に至るまで、食物連鎖を通じてプラスチック汚染が進み、究極のところ、食卓に上る魚にも汚染が及びつつあります。

また、プラスチックは汎用性が高いものですが、その利便性をさらに上げるため様々な添加物が加えられており、廃棄された後の環境中や食物連鎖での毒性も予測されています。正直なところ、添加物については一部ユーザーや消費者には知らされない状況になっており、このまま廃棄が続けば環境汚染が懸念され、放置すれば何百年も自然が汚染されたままになります。

　世界人口が100億人になる2050年頃は、プラスチック汚染の影響はまだ大きいと予想されます。しかし、問題のプラスチックをすぐさまゼロにすることは、現状の社会システムやビジネスモデルでは不可能です。

　プラスチックごみの廃棄と自然界への滞留を削減するためには、新たなビジネスの提案とイノベーションが必要です。本書はアダム・スミスについて記述しています。アダム・スミスは、それぞれの企業が自分のビジネスに一生懸命取り組むことで、あたかも全体が「見えざる手」に導かれ、社会全体に富と繁栄をもたらすと提唱しました。

　持続可能なコンセプトが求められる現在においては、アダム・スミスのような資本主義的思想を見直し、それぞれのビジネスを一定の方向や制約のもとに再編成すべき時を迎えています。急激に変化する環境下で、新しいビジネスと社会の関係を早急につくり上げ、対応すべき時代が訪れています。

　我々ビジネスに携わる者はそのことを深く認識し、ビジネス界ばかりでなく、行政や市民も加え、社会全体で取り組まなければなりません。本書はこのことを鮮烈に指摘しています。そのためには社会とビジネスのイノベーション（変革）が必要です。

プラスチック問題にイノベーションを

　本書には、ごみを拾って生計を立てる「ウェイスト・ピッカー」の話が出てきます。多くの発展途上国では、ゴミは集められて、埋め立てもしくは焼却処分されます。世界には、フィリピンのスモーキーマウンテンのように捨てられたゴミの山に群がって生活している人々も数多く存在します。社会制度やゴミの回収・廃棄システムが追い付かず、世界中で川にゴミが捨てられています。風に吹き飛ばされたプラスチックごみは、雨で川を下って海へと流れ、目の前からは消えますが、海を漂う中で強い紫外線を浴び、細分化してマイクロビーズになり、プランクトンや小魚に悪影響を与えます。経済性を実現した上で、正しい回収システムをつくり、リサイクルや熱・エネルギー回収を効率的に進めることが必要です。

　本書では、ペルーの実験で、ウェイスト・ピッカーたちにより、アルミや鉄、古紙に加えて、1kg当たり16〜22円でプラスチック回収が可能であるという分析がなされています。回収されたプラスチックごみは、経済性を付加して3R（リデュース、リユース、リサイクル）のサイクルに乗せることで、最終的には廃棄物ゼロを達成しなければなりません。

　シメオーニ氏が提案する熱分解システム（パイロリシス）や様々な手段で有効活用することにより、プラスチックごみがさらなる付加価値を生むようイノベーションを実践することが必要です。パウリ教授は、海藻カーテンによるマイクロプラスチックの回収と、海藻からメタン発酵によるエネルギー回収を提案しており、既にアルゼンチンや

モロッコなど複数の国で実際の活用が始まっています。日本では、先進的な中小企業で、プラスチック廃棄ごみから塩ビを分離し、効率的な燃料にする提案が出ています。大阪大学の宇山浩教授のグループは、画期的な海洋生分解性プラスチックを提案しています。

　プラスチックごみの問題を解決するには、新しい持続可能な素材を開発するとともに、プラスチックごみの処理を経済の仕組みに乗せることが必須です。構想して実践することが大切で、本書にはそのようなイノベーションのヒントが随所に紹介されています。こうした研究を進め、早期にプラスチック問題の解決に動き出そうではありませんか。

グローバルな問題を地球市民のネットワークで

　地球温暖化と異常気象、生物資源の減少や生物多様性の喪失、貧富の拡大とテロや戦争、移民、プラスチック海洋汚染、そしてコロナウイルスのパンデミックなど、いま我々が直面している多くの問題は、国境を越えた問題で、グローバルな観点から解決すべき問題です。

　本文にもある通り、ハワイ沖の渦には、海流が遠くから運んできたプラスチックごみが渦を巻いて漂っています。世界最大のプラスチック海洋汚染国である中国のごみに加え、朝鮮半島からの漁具や洗剤の容器、日本からも2011年の東日本大震災の津波で流された多くのごみが漂い、それがハワイの海岸に打ち寄せられています。ごみを発生させた各国は責任を十分問われることなく、海洋ごみの量は増える一方です。

2019年に開催されたG20大阪サミットの首脳宣言は、プラスチック汚染に対して、「2050年までに海洋プラスチックごみによる追加的な汚染をゼロにまで削減することを目指す」と提唱しましたが、具体的な道筋や活動目標の提示は不十分な状況です。グローバルな問題の解決には世界のリーダーや国連など国際機関の活動が重要ですが、限られた時間の中では民間や市民の対応も必要です。

　私の所属しているサラヤは、消費者庁と情報交換しながら倫理的消費運動を推進しています。リーダーを動かして社会を変えていくためには、消費者の理解と活動が最も必要です。20世紀に我々が経験した経済効率を重視した「使い捨ての文化」から、「使い回しの文化」に変える、つまり「もったいない文化」の普及が鍵になります。社会の仕組みの変革とともに、消費者の理解の促進や消費態度の変革、世界的連帯が大切です。21世紀の子供たちに持続可能な地球と世界を残せるよう、それぞれが地球市民として頑張りましょう。

私たちは、社会でプラスチックが果たしている役割を変えることができる。プラスチック製品の生産方法と使い方を設計し直すことができる。変化は、プラスチックに「価値を付加する」ことから始まる。プラスチックごみはエネルギーに変換でき、プラスチック汚染の除去作業は何百万もの人々を貧困から救い出すことができる。さらに、ほとんど目には見えないがそこら中にあるマイクロプラスチックを海から除去する技術や方法もある。現在、プラスチックは「問題」である。だが、「解決策」にもなれる。それが本書のメッセージである。

著者の紹介

グンター・パウリ

世界経済フォーラム年次総会（ダボス会議）で「21世紀のリーダー」の1人に選出されたサステナビリティ分野の起業家。廃棄物の排出をゼロにする「ゼロエミッション」や、海洋を保全しながら経済活動に結び付ける「ブルーエコノミー」の提唱者。1956年ベルギー生まれ。聖イグナチオ大学経済学部を卒業し、1991年に世界で初めて「ゼロエミッション」の考えを取り入れた洗剤工場を建設。1994〜97年に国連大学学長顧問として「ゼロエミッション構想」を提唱し、多くの企業に影響を与えた。96年に国連開発計画（UNDP）とスイス政府の出資で「ZERI財団」を設立して代表に就任。ローマクラブ会員。2度の改訂版が出された『ブルーエコノミー』シリーズの3冊は、世界43の言語に翻訳され、100万人以上に読まれている。日本語訳は『ブルーエコノミーに変えよう』。社会の転換に向けて力を注ぎ、全く新しいビジネスモデルを設計し、ビジョンを現実に変えるために尽力。これまで世界各地の200以上のプロジェクトに携わった。自然の仕組みを子供たちに教え、インスピレーションを与えるような物語も280ほど執筆している。

マルコ・シメオーニ

エンジニアで起業家。フランス語圏スイスの3大サービスプロバイダーの1つ、ITコンサルタント会社ベルティグループの創設者。1966年生まれ。スイスのフランス語圏にあるローザンヌ地方で育ち、エンジニアリングを学んだ。起業家としてベルティグループを創立した後、2010年に海への情熱から、そしてエンジニアであり起業家としての経験を生かし、レース・フォー・ウォーター財団を設立した。「私はずっとセーリングに情熱を燃やし、海を愛してきた。もはや何もせずに、ただ海洋汚染を見ていることはできなくなった」と、プラスチックごみ問題の解決に乗り出した理由を語っている。

監訳者の紹介

枝廣淳子

環境ジャーナリストで翻訳家。大学院大学至善館教授、イーズ代表取締役・幸せ経済社会研究所所長、チェンジ・エージェント会長。東京大学大学院教育心理学専攻修士課程を修了。『不都合な真実2』（アル・ゴア著）の著書翻訳をはじめ、環境・エネルギー問題に関する講演や執筆、CSRコンサルティングや異業種勉強会などの活動を通じて、地球環境の現状や国内外の動き、新しい経済や社会の在り方、幸福度、レジリエンス（しなやかな強さ）を高めるための考え方や事例を伝え、変化の担い手を育んでいる。島根県隠岐諸島の海士町や北海道下川町など意志ある未来を描く地域プロジェクトにアドバイザーとしても関わっている。日本学術会議連携会員。主な著訳書に『不都合な真実』『不都合な真実2』『プラスチック汚染とは何か』などがある。

訳者の紹介

五頭美知

翻訳者。環境NGOなどでの勤務を経て、環境をはじめとするサステナビリティ分野の翻訳に取り組む。主な訳書に、『見てわかる　地球の危機〈温暖化時代を生きる〉』（共訳）、『エコロジカル・フットプリントの活用──地球1コ分の暮らしへ』、『グッド・ニュース──持続可能な社会はもう始まっている』（共訳）などがある。

海と地域を蘇らせる

プラスチック「革命」

2020年6月1日　第1版第1刷発行

著　者	グンター・パウリ、マルコ・シメオーニ
監訳者	枝廣淳子
訳　者	五頭美知
編　集	日経ESG
発行者	酒井耕一
発　行	日経BP
発　売	日経BPマーケティング
	〒105-8308　東京都港区虎ノ門4-3-12
編集者	藤田香
編集協力	ゼリ・ジャパン、レース・フォー・ウォーター財団
装丁・本文デザイン・制作	明昌堂
印刷・製本	図書印刷

ISBN　978-4-296-10626-4　Printed in Japan 2020